W0269553

Berichte des Ausschusses für Versuche im Eisenbau

Herausgegeben vom
Deutschen Eisenbau-Verband (D. E. V.), früher Verein Deutscher
Brücken- und Eisenbau-Fabriken

Nachdem der Ausschuß für Versuche im Eisenbau infolge des Krieges eine mehrjährige Unterbrechung seiner für die Kriegführung nur mittelbar nutzbaren Arbeiten eintreten lassen mußte, wird mit dem vorliegenden Berichte die Fortsetzung seiner Veröffentlichungen wieder aufgenommen.

Die Veröffentlichungen erfolgen im Namen des „Ausschusses für Versuche im Eisenbau", der auch die Versuche selbst beschließt und überwacht. Es erscheinen zwei Arten von Berichten, die je in sich fortlaufend numeriert werden:

1. **Hefte A,** in denen die Anordnung, die Durchführung und die unmittelbaren zahlenmäßigen Ergebnisse der Versuche besprochen und mitgeteilt werden.

2. **Hefte B,** welche die weitere Bearbeitung und Auswertung der Versuchsergebnisse sowie die daraus zu ziehenden Folgerungen und etwaige Bauregeln für die Praxis enthalten.

Dem verschiedenen Inhalte der beiden Arten von Heften wird auch ein verschiedenes Format entsprechen, das für die Hefte B eine besondere Handlichkeit anstrebt.

Bisher sind erschienen:

Ausgabe A, Heft 1:

Der Einfluß der Nietlöcher auf die Längenänderung von Zugstäben und die Spannungsverteilung in ihnen

Nach Versuchen im Materialprüfungsamt zu Berlin-Lichterfelde

Berichterstatter: Geh. Regierungsrat Professor **Max Rudeloff**

Mit 30 Textabbildungen. IV und 65 Seiten, 4°. Preis M. 3.60*)

Ausgabe B, Heft 1:

Zur Einführung — Bisherige Versuche

Berichterstatter: Reg.-Baumeister a. D. Dr.-Ing. **F. Kögler**

Mit 26 Abbildungen. IV und 56 Seiten, 8°. Preis M. 1.60*)

Ausgabe A, Heft 2:

Versuche zur Prüfung und Abnahme der 3000 t-Maschine

Berichterstatter: Geh. Regierungsrat Prof. Dr.-Ing. **Max Rudeloff**

Mit 73 Textabbildungen. IV und 82 Seiten, 4°. Preis M. 10.—

---

*) Hierzu Teuerungszuschläge

Deutscher Eisenbau-Verband (D. E. V.)
(früher Verein deutscher Brücken- und Eisenbau-Fabriken)

Berichte des Ausschusses

für

Versuche im Eisenbau

Ausgabe A

Heft 2

Versuche zur Prüfung und Abnahme der 3000 t-Maschine

Berichterstatter:

Geheimer Regierungsrat Professor Dr.-Ing. Max Rudeloff
Direktor des Staatlichen Materialprüfungsamtes zu Berlin-Dahlem

Mit 73 Textfiguren

Springer-Verlag Berlin Heidelberg GmbH

1920

ISBN 978-3-7091-2436-9   ISBN 978-3-7091-2437-6 (eBook)

DOI 10.1007/978-3-7091-2437-6

Inhaltsangabe.

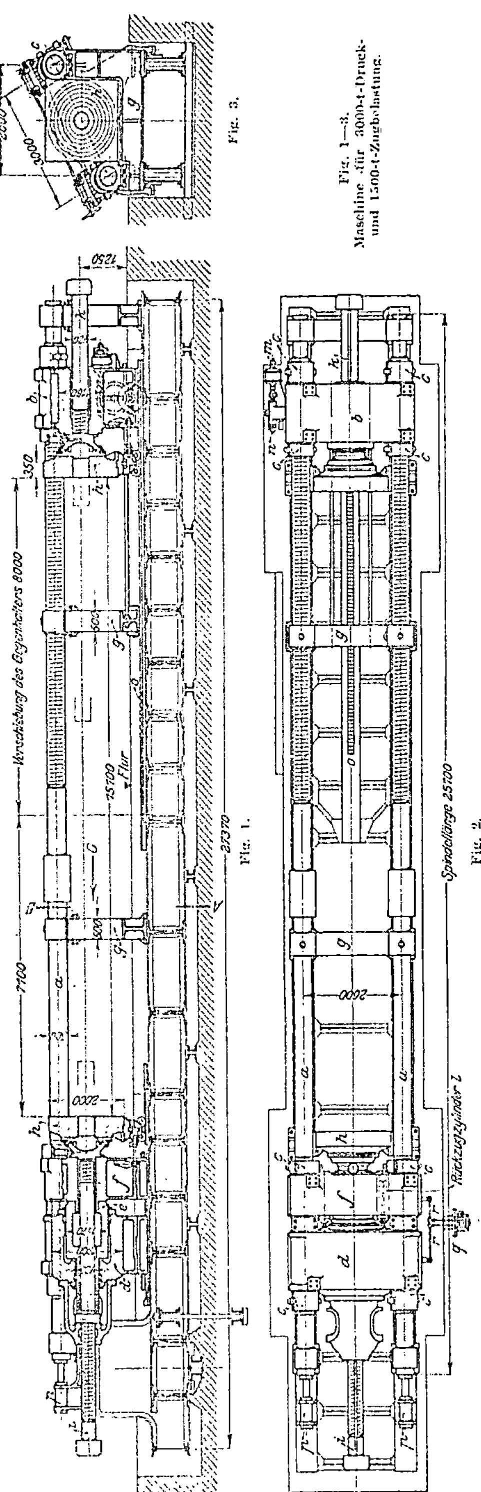

·Der Zylinder d und das mit dem Kolben e verbundene Querhaupt f ruhen beide mit Rollen und Gleitflächen auf der Bahn des Grundrahmens.

Die Übertragung der Kraft auf das Probestück erfolgt beim Druckversuch über die Kugellager h, beim Zugversuch durch die Zugstangen i und k, die dann abweichend von der Darstellung Fig. 1—3 nach rechts bzw. links so verschoben werden, daß ihre Köpfe sich gegen den Zylinder d und das Querhaupt b legen, während die Gewindeenden der Stangen zur Aufnahme der besonderen Einspannteile durch die Druckplatten h hervorragen.

Um bei Längenänderungen der Stangen a möglichst reibungsfreie Verschiebung der letzteren gegen die Stützböcke g zu ermöglichen, ruhen die Stangen in den Böcken auf Rollen.

Zum Zurückführen des Kolbens in den Zylinder nach beendetem Versuch dienen zwei im Querhaupt f angeordnete Rückzugzylinder l und zum Vernichten der beim plötzlichen Bruch der Probe freiwerdenden Reaktionskräfte zwei Druckwasserbremsen p, deren Scheibenkolben mit den Stangen a verbunden sind.

Das Druckwasser zum Betrieb der Maschine wird der letzteren aus einem Gewichtsakkumulator zugeführt, den eine dreifachwirkende Pumpe speist; sie ist elektrisch betrieben und wird je nach Bedarf selbsttätig ein- und ausgerückt. Der erzeugte Wasserdruck beträgt 400 at.

Die Belastung (Zug- oder Druckkraft) wird aus dem Wasserdruck im Arbeitszylinder d und der Kolbenfläche F ($F = 7918$ qcm) berechnet und hierbei der durch Reibung verursachte Leergangswiderstand in Abzug gebracht.

II. Gegenstand der Untersuchung.

Die Versuche, über die nachstehend berichtet wird, bezweckten die Prüfung der 3000-t-Maschine auf:

1. ihre Betriebssicherheit und

2. Richtigkeit der Kraftbestimmung.

Zugleich sollten die Versuchsstücke, soweit sie ausgeführten Baugliedern nachgebildet waren, erprobt werden.

Die Betriebssicherheit der Maschine ist bedingt sowohl durch die Beherrschung der Zuführung des Druckwassers aus dem Gewichtsakkumulator zum Arbeitszylinder bei Einstellung der gewünschten Belastung, als auch durch die Widerstandsfähigkeit der einzelnen Maschinenteile gegen die beim Versuch auftretenden Beanspruchungen.

Die Einstellung der Belastung erfolgt mit Hilfe von Ventilen q, Fig. 2, unter Beobachtung des jeweils im Zylinder erzielten Wasserdruckes an Manometern. Die Handhabung der Ventile hat sich als durchaus zuverlässig erwiesen, so daß in dieser Beziehung keine Ausstellungen zu machen waren.

Die Genauigkeit der Druckmessung war anfänglich dadurch beeinträchtigt, daß die Manometer an die Zuleitung r des Druckwassers zum Arbeitszylinder angeschlossen waren. Hiermit war der Mangel verbunden, daß beim schnellen Durchfluß des Druckwassers durch die Leitung die Höhe des Druckes infolge Druckgefälles in der langen engen Rohrleitung zwischen der Anschlußstelle des Manometer und dem Zylinder von den Manometern zu hoch angezeigt wurde. Richtige Druckanzeigen erhält man bei dieser Rohranordnung erst dann, wenn die Kraftäußerung der Maschine mit der Belastung des Probestabes im Gleichgewichtszustande ist, der Kolben des Arbeitszylinders also zum Stillstande gekommen ist. Bei den Versuchen kommt es aber darauf an, den Druck auch nach Überschreitung der Streckgrenze der Probe also auch bei Bewegung des Kolbens gegen den Zylinder und somit bei dauernd nachfließendem Druckwasser zu beobachten. Daher wurde die Rohrleitung derart geändert, daß die Hauptleitung unmittelbar vom Akkumulator zum Arbeitszylinder der Maschine geführt und von letzterem eine besondere Leitung zu den Manometern abgezweigt wurde. Die Abzweigung erfolgte von einem Stutzen aus, der im Scheitel des liegend angeordneten Zylinders zum Entlüften des Zylinders vorhanden war.

Die Prüfung der einzelnen Maschinenteile auf genügende Widerstandsfähigkeit gegen die beim Versuch auftretenden Beanspruchungen konnte nur durch die Prüfung geeigneter Proben mit hinreichend hoher Bruchfestigkeit erfolgen. Die Ergebnisse solcher Prüfungen bilden im wesentlichen den Gegenstand dieses Berichtes. Zugleich ist bei diesen Prüfungen aber darauf Bedacht genommen, auch die Richtigkeit der Kraftanzeige bzw. deren Fehler festzustellen. Hierzu sind bei Prüfung einiger Probestäbe deren elastische Dehnungen ermittelt, aus ihnen die von der Maschine geäußerten

Kräfte, die Belastungen, berechnet und letztere mit den Belastungswerten in Vergleich gestellt, die sich durch Berechnung aus dem Wasserdruck und Kolbenfläche ergaben. Da es nun ohne beträchtlichen Kostenaufwand nicht möglich ist, geeignete Kontrollstäbe dauernd bereit zu halten, so erschien es angebracht auch die Formänderungen einiger Maschinenteile mit zu beobachten, um tunlichst in ihnen ein Mittel zur dauernden Kontrolle der Kraftanzeige zu schaffen. Am geeignetsten erschienen hierzu die beiden Spindel a, die den Kraftschluß zwischen dem festen Widerlager der Maschine und dem hydraulischen Krafterzeuger bilden, sowie die Zugstange i, an die beim Zugversuch das eine Ende der Probe angeschlossen wird. Sofern diese Maschinenteile die dem Probestabe erteilte Belastung voll aufnehmen, bietet ihre elastische Längenänderung einen Maßstab zur Bestimmung der Belastung P_1, indem dann letztere sich berechnet nach der Gleichung:

$$P_1 = \frac{\lambda}{l} f \cdot E \,,$$

wenn $l =$ der Meßlänge,

      $\lambda =$ der Dehnung für l,

      $f =$ dem beanspruchten Querschnitt und

      $E =$ dem Elastizitätsmodul des Materials

ist.

Zur Ausübung der vorbezeichneten Kraftkontrolle mußte also der Elastizitätsmodul des Materials der Spindeln a und der Zugstange i bekannt sein. Um ihn zu ermitteln und zugleich Aufschluß über die übrigen Festigkeitseigenschaften des Materials zu erlangen, sind zu den einzelnen Teilen der Spindeln und der Zugstangen Zerreißproben mitgeliefert; ihre Prüfung ergab die in Tabelle 23 zusammengestellten Werte.

Zur Prüfung der Maschinen dienten folgende Stäbe:

1. zwei Druckstäbe, Fig. 5 und 21, gez. 68 und 69;

2. ein genieteter Zugstab, Fig. 42, gez. 76;

3. zwei Stäbe aus geschmiedetem Stahlguß, Fig. 46 und 47, gez. 80 und 81 für 500 und 1000 t und

4. ein genieteter Zugstab, Fig. 54, gez. 70.

Bei den Druckversuchen erschien es zulässig sogleich auf hohe Beanspruchungen der Maschine zu gehen, da zu erwarten war, daß die Druckstäbe unter örtlichem Ausbiegen allmählich ohne Stoß zu Bruch gehen würden. Bei den Zugversuchen war dagegen mit plötzlichem Bruch zu rechnen. Dabei mußten aber die mit den Spindeln a verbundenen Druckwasserbremsen p mit in Mitleidenschaft gezogen werden. Wenn nun auch die Sicherheit dieser Bremsen gegen Bruch durch die Berechnung nachgewiesen war, so erschien es dennoch ratsam, bei den Zugversuchen nicht sogleich auf die höchste Kraftleistung der Maschine von 1500 t zu gehen, sondern mehrere Zugversuche mit Stäben verschiedener Festigkeit auszuführen und hierbei mit den schwächeren Stäben zu beginnen. Auf diesem Wege war es zugleich möglich zu ermitteln, ob es erforderlich ist, die Ventile der Bremsen für verschiedene Bruchlasten verschieden weit zu öffnen, oder ob es zulässig ist, bei allen Versuchen mit völlig geöffneten Ventilen zu arbeiten.

III. Prüfung von Druckstäben.

Die Stabenden stützten sich bei der Prüfung gegen die mit Kugellager ausgerüsteten Druckplatten h, Fig. 1, von der in Fig. 4 im einzelnen dargestellten Anordnung. Die Kugelschale a des einen Drucklagers ist mit dem feststehenden Widerlager der Maschine, die des anderen Drucklagers mit dem Kolben des die Druckkraft erzeugenden Arbeitszylinders verbunden; gegen den Kugelabschnitt b liegt die Druckplatte. Das Eigengewicht der Platte ist durch auf Rollen laufende Stützlager c gegen das Maschinengestell abgefangen. Diese Stützlager sind durch Stangen mit den Querhäuptern b und f, Fig. 1, verbunden, so daß sie deren wagerechten Verschiebungen folgen. Die Stützflächen der Lager c, Fig. 4, sind ebenfalls kugelig ausgebildet; ihr Drehpunkt fällt mit dem Kugelmittelpunkt der Drucklager zusammen.

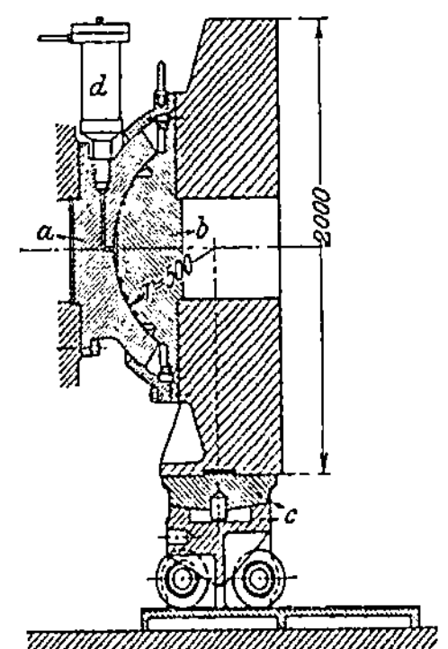

Fig. 4. Kugellager.

Um den Bewegungswiderstand in dem Drucklager möglichst gering zu gestalten, ist der Kugelabschnitt b am Umfange durch einen ringförmigen Stulp gegen die Schale a abgedichtet und der so zwischen beiden abgeschlossene Raum wird beim Versuch mit Druckwasser gefüllt gehalten. Hierzu dient der Druckübersetzer d mit dem Verhältnisse der Kolbenflächen von 7 : 4, sein kleiner Kolben wirkt auf die Füllung des Kugellagers, während sein großer Kolben unter dem gleichen Druck steht, der im Arbeitszylinder herrscht. 7 : 4 ist das Verhältnis der Flächen des Maschinenkolbens und des Kugellagers.

Um sicher zu sein, daß nicht etwa infolge von Undichtigkeit Entleerung der Kugellager eintrat und nun die Kugelflächen unmittelbar zum Auflager kamen, ist der Flüssigkeitsdruck in den Kugellagern während des Versuches an einem nachträglich angebrachten Manometer dauernd beobachtet und die Füllung des Druckübersetzers nach Bedarf erneuert, wozu der Probestab dann vorher entlastet wurde.

A. Prüfung des Stabes 68.

Der Probestab ist dem Gurtungsstück einer bestehenden Brücke nachgebildet, dessen Belastung in der Brücke zu $P_b = 860$ t berechnet ist. Seine Abmessungen und Konstruktion zeigt Fig. 5.

Hiernach besteht der Stab im wesentlichen aus vier Stegblechen a, vier Saumwinkeln b und dem Deckblech c. Durch zwei Querschotten ist die Stablänge in drei Felder geteilt, das mittlere mit 2520 mm, die beiden Endfelder mit 2358 mm Länge. Die Querschotten bestehen aus einem Blech von 10 mm Dicke, das durch Winkel $\left(\dfrac{80 \cdot 100}{10}\right)$ einseitig an die Stegbleche, dem Deckblech und die unteren Saumwinkel angeschlossen ist (s. a. Fig. 17). Auf der unteren offenen Seite des Stabprofils sind Diagonalverstrebungen angebracht, von denen immer die eine aus einem einfachen Flacheisen von 80 · 10 mm Querschnitt, die andere aus einem Winkeleisen $\left(\dfrac{40 \cdot 80}{8}\right)$

besteht. Diese Winkeleisen sind so angeordnet, daß der eine Schenkel in die Profil-
öffnung hineinragt. Hierzu sind die Enden dieses Schenkels fortgeschnitten.

Die Hauptwerte sind:

Gesamte Knicklänge. . . . . $l = 788,0$ cm

Brutto-Querschnittsfläche . . . . $F = 846,4$ cm²

Kleinstes Trägheitsmoment. . . . . $J = 560\,100$ cm⁴

Kleinster Trägheitshalbmesser . . . . . . $i = \sqrt{\dfrac{J}{F}} = \sqrt{\dfrac{560\,100}{846,4}} = 25,72$ cm

Verhältnis . . . . $\dfrac{l}{i} = 30,63$.

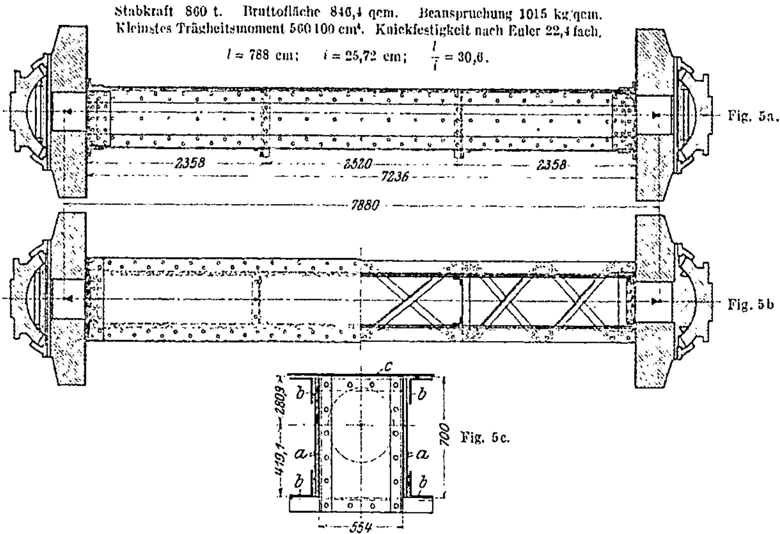

Fig. 5. Druckstab Nr. 68.

Um den Stab mit möglichster Genauigkeit so in die Maschine einbauen zu können,
daß seine Schwerpunktsachse mit der Achse der Maschine, d. h. der Verbindegeraden
zwischen den Mittelpunkten der beiden Drucklager, zusammenfiel, war auf die beiden
Endflächen des Stabes je eine Platte von 25 mm Dicke aufgenietet, die auf der
Außenfläche einen zur Stabachse zentrierten, zylindrischen Ansatz trugen. Diese
Ansätze paßten in die Bohrungen hinein, die in den Druckplatten angebracht sind
(s. Fig. 1 und 4). Zur Schonung der Druckplatten war zwischen ihnen und dem Stabe
noch eine 12 mm dicke Stahlplatte eingefügt (s. Fig. 9, rechts).

Die Endflächen des Stabes waren durch Fräsen so bearbeitet (s. Fig. 5 c), daß
nur die 4 Stegbleche a, die vier Saumwinkel b und das Deckblech c mit 846,4 cm²
Gesamtdruckfläche zur Anlage kamen. Die übrigen Endglieder des Stabes traten
um einige Millimeter von der Druckfläche zurück, nahmen also an der unmittelbaren
Kraftübertragung nicht teil.

Das Eigengewicht des Stabes war nach dem Vorschlage des Herrn Baurat
Dr. Ing. Seifert gegen das Maschinengestell durch einen Satz Federn abgefangen,
die in der Mitte unter dem Stabe angebracht waren (s. Fig. 9 und 17). Die Anord-

nung dieser federnden Stütze zeigt Fig. 6. Sie besteht im wesentlichen aus den 3. Federn *A* mit zwischengelegten Blechscheiben. Die unterste Feder stützt sich gegen den Balken *B*, der mit den Enden auf dem Maschinenrahmen aufliegt. Durch das Ganze geht das Rohr *C* hindurch, das an den Enden mit Außengewinde versehen ist und mit der oberen Endfläche gegen das mit dem Probestabe verbundene Druckstück *D* wirkt (s. a. Fig. 17). Durch Niederschrauben der Muttern *E* werden die Federn bis zu der gewünschten Tragkraft angespannt. Mit dem Stabe sind zwei solche Federn geliefert. Vor ihrer Verwendung sind sie mehrfachen Belastungsversuchen unterworfen, bei denen die Beziehungen zwischen Belastung und Zusammendrückung ermittelt sind (s. Tab. 1 und Fig. 7). Nach ihnen ist die Anspannung der Federn entsprechend dem von der einzelnen Feder aufzunehmenden Anteil des Eigengewicht des Stabes vor dessen Prüfung bewirkt.

Zum Messen der Zusammendrückung der Feder wurde ein Zeigerpaar, Fig. 6, angebracht. Es blieb auch bei der späteren Verwendung der Federn an diesen sitzen, um dauernd ersehen und feststellen zu können, um wieviel die Federn je nach der Durchbiegung des Probestabes nach oben oder nach unten ungewollt selbsttätig entlastet oder stärker angespannt wurden. Diese Beobachtungen waren erforderlich, um aus ihnen ableiten zu können, in welchem Maße entweder der durch Entspannen der Federn freiwerdende Anteil des Eigengewichtes der Durchbiegung nach oben entgegenwirkte, oder die Durchbiegung nach unten durch Mehranspannen der Stützfedern behindert wurde. — Zur Unterstützung des Stabes 68 ist Feder 1 verwendet.

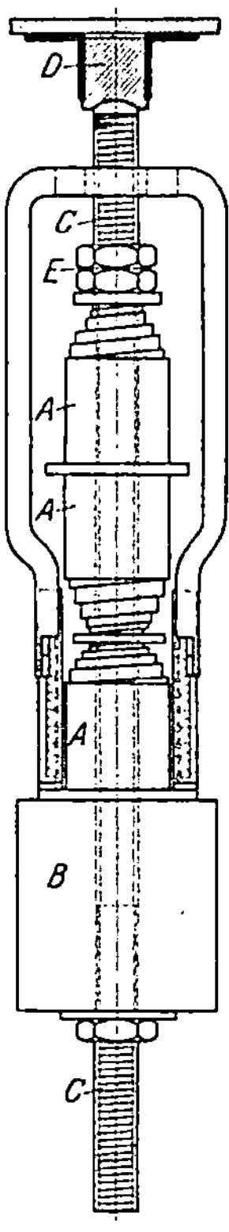

Fig. 6. Stützfeder.

Bei Prüfung des Druckstabes 68 wurde die Belastung stufenweise um je etwa 100 000 kg gesteigert und hierbei jedesmal beobachtet:

1. das seitliche Ausbiegen des Stabes in senkrechter und wagerechter Richtung,
2. das Neigen der Druckplatten (Bewegung der Kugellager),
3. die Verkürzung des Stabes und
4. die Längenänderungen der Stützfedern.

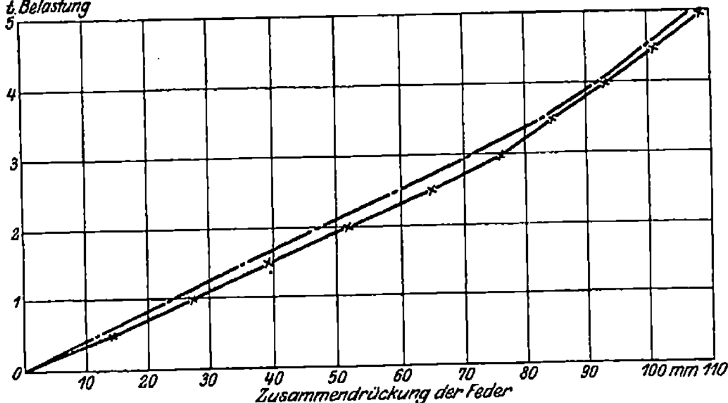

Fig. 7. Beziehung zwischen Belastung und Zusammendrückung der Stützfedern.

1. Das seitliche Ausbiegen des Stabes.

Zur Ermittlung des seitlichen Ausbiegens sind die räumlichen Bewegungen
der in Fig. 8 mit 1—8 bezeichneten Meßpunkte mit Rollenapparaten beobachtet.

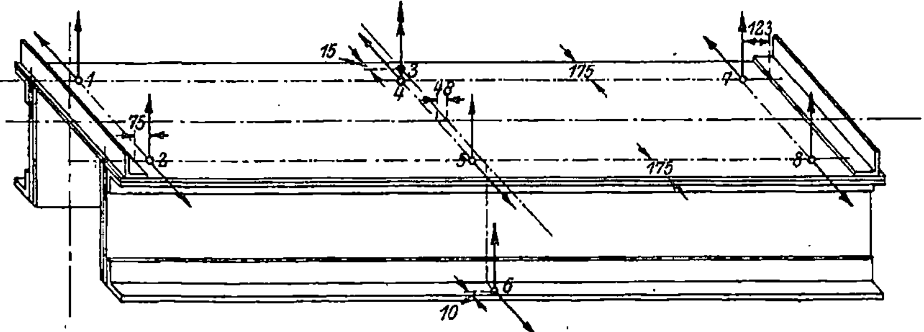

Fig. 8. Anordnung der Meßstellen bei Stab 68.

Die Rollenapparate waren an einem unabhängig von der Maschine und erschütterungsfrei aufgestellten Holzgestell (s. Fig. 9) senkrecht über oder wagerecht neben
dem zugehörigen Meßpunkt angeordnet und die Bewegungen der Meßpunkte wurden

Fig. 9. Probestab 68 mit den Meßapparaten am Holzgestell.

durch Holzstäbe auf die Rollen übertragen. Die Anordnung der Verbindung zwischen
dem einen Ende der beiden zusammengehörigen Stäbe und dem Meßpunkt durch
Tastspitzen zeigt Fig. 10; am anderen Ende lagen die wagerechten Stäbe, hinreichend

belastet, auf den Rollen auf. Die senkrechten Stäbe waren durch Spiralfedern gegen die Rollen gepreßt.

Die Meßpunkte 1, 4 und 7 sowie 2, 5 und 8 (s. Fig. 8) lagen auf dem oberen Deckblech, und zwar über der Mitte der äußeren Stegbleche. Die Meßpunkte 3 und 6 waren an den aus Fig. 8 ersichtlichen Stellen an den abstehenden Schenkeln der Saumwinkel angebracht, um festzustellen, ob hier infolge örtlicher Formänderungen andere Bewegungen eintraten als an den Stellen 4 bzw. 5.

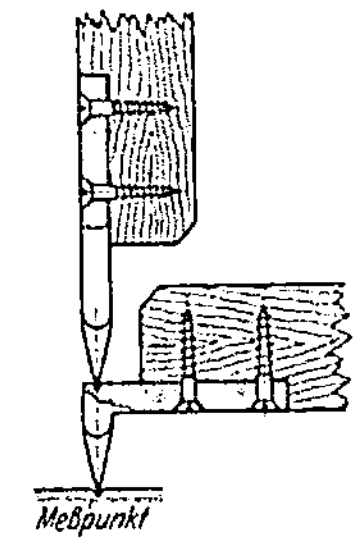

Fig. 10. Anordnung der Tastspitzen.

Die für die Meßstellen 1, 7, 4 und 2, 8, 5 beobachteten Bewegungen sowie die hieraus berechneten wagerechten, senkrechten und Gesamtausbiegungen des Stabes enthält Tab 2. Aus den hiernach in Fig. 11 verzeichneten Schaulinien ist zu ersehen, daß die Gesamtausbiegung des Stabes (Fig. 11 A) bis zu etwa 1641 t Belastung dieser annähernd proportional und nur gering war. Bei der nächsten Laststufe, d. h. unter 1761 t, bog der Stab dann plötzlich stark durch, und zwar nahm die Durchbiegung unter dieser Belastung bis zum Einknicken ständig zu. Fig. 11 B läßt in dem Verlauf der voll ausgezogenen Linie ferner erkennen, daß die Durchbiegung auf der Meß-strecke 1, 4, 7 bis zu 1227 t nach rechts oben gerichtet war, dann aber bei steigender Belastung ihre Richtung änderte, so daß der Stab schließlich nach links oben **einknickte, die in der Ma-schine nach unten gelegene offene Seite des Profils also die größte Druckbelastung erfuhr.** Längs der Meßstrecke 2, 5, 8 (gestrichelte Linie Fig. 11 B) war die Durchbiegung nach oben bei den gleichen Belastungen anfänglich etwas größer als längs der Meßstrecke 1, 4, 7; der Stab erlitt hiernach eine geringe Verwindung. Im übrigen war die Durchbiegung längs der beiden Meßstrecken im allgemeinen gleich gerichtet; die Umkehr der wagerechten Durchbiegung von rechts nach links trat auch bei der Strecke 2, 5, 8 unter 1227 t Belastung ein.

Fig. 12 zeigt, daß die Bewegungen der Meßpunkte 5 und 6

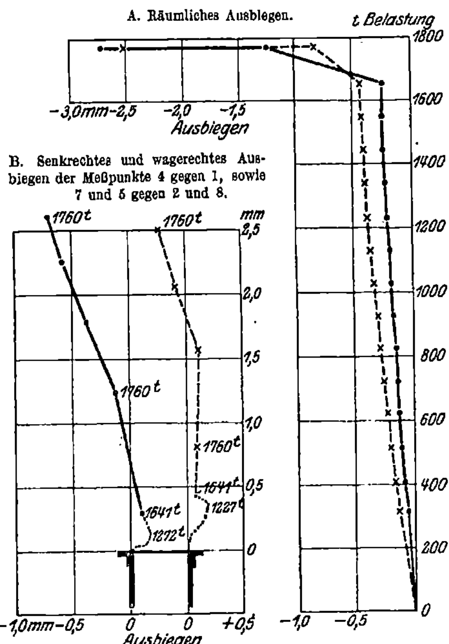

Fig. 11. Ausbiegen des Stabes 88.

 } s. Fig. 8.

(s. Fig. 8) in senkrechter Richtung nur wenig voneinander verschieden waren; dagegen war die wagerechte Bewegung von Punkt 6 nach Fig. 13 erheblich größer als die von Punkt 5. Hieraus folgt, daß **das Stegblech mit dem unteren**

Saumwinkel b (Fig. 5 c) sich nach außen abbog. Bei Belastungen über 1600 t drehte die Biegungsrichtung um, und nach dem Einknicken des Stabes betrug der größte lichte Abstand zwischen den Stegblechen an der Knickstelle nur 53,0 cm gegen ursprünglich 55,4 cm.

Die senkrechten nach oben gerichteten Bewegungen der beiden Meßpunkte 3 und 4 (s. Fig. 8) weichen nach Fig. 14 wie die der Punkte 5 und 6 (s. Fig. 12) ebenfalls nur wenig voneinander ab.

Die höchste erreichte Belastung betrug 1862,2 t.

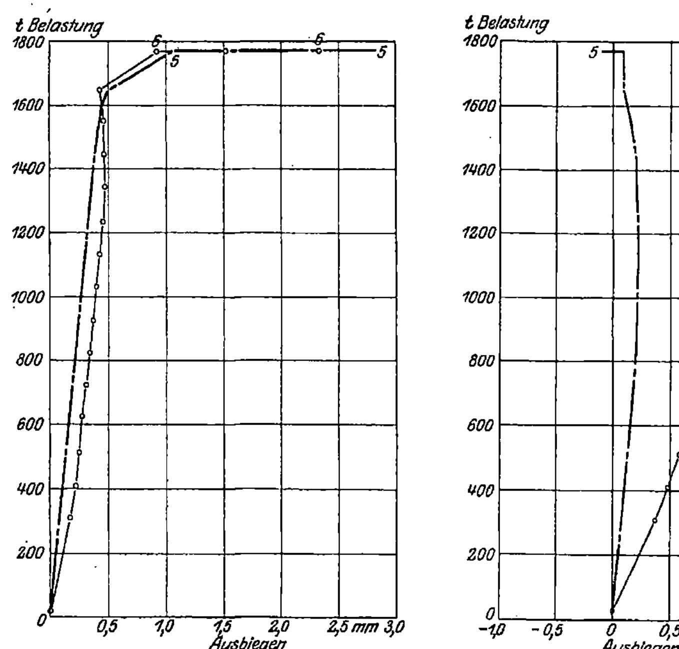

<table>
<tr><td>

Fig. 12. Beobachtungen an den Meßpunkten 5 u. 6.
Senkrechtes Ausbiegen.

</td><td>

Fig. 13. Beobachtungen an den Meßpunkten 5 u. 6.
Wagerechtes Ausbiegen.

</td></tr>
</table>

2. Das Neigen der Druckplatten.

Bis zu der Belastung von 1641 t waren keine nennenswerten Schrägstellungen der Druckplatten wahrzunehmen. Dagegen folgten die Druckplatten unter 1760 t Belastung den Schrägstellungen der Endflächen des nach oben ausbiegenden Stabes. Die gegen den Kolben wirkende Platte neigte sich im Bilde Fig. 9 oben nach links, die Platte am festen Widerlager oben nach rechts.

3. Die Verkürzung des Stabes.

Die Verkürzung des Stabes unter der Druckbeanspruchung ist aus der Annäherung der beiden Druckplatten aneinander ermittelt. Hierzu sind an den Seitenflächen der Druckplatten in Höhe der Maschinenachse wagerechte Maßstäbe befestigt (s. Fig. 9) und die Bewegung dieser Maßstäbe gegen Zeiger beobachtet, die an dem Holzgestell, also im Raum feststehend, angebracht waren. Nach den erzielten

Ergebnissen (s. Tab. 3) ist die Schaulinie Fig. 15 aufgetragen. Die Beobachtungen schließen sich bis zu etwa 1227 t Belastung an die geradlinige, punktierte Ausgleichslinie gut an; von da ab wächst aber die Längenabnahme des Stabes schneller als die Belastung. Die Druckspannung bei 1227 t Belastung beträgt 1420 kg/qcm, die zugehörige Verkürzung 0,53 cm. Aus diesen Werten und der Meßlänge von 723,6 cm würde der Elastizitätsmodul sich zu

$$E = \frac{1420 \cdot 723,6}{0,53}$$

$$\cong 1\,940\,000 \text{ kg/qcm}$$

berechnen.

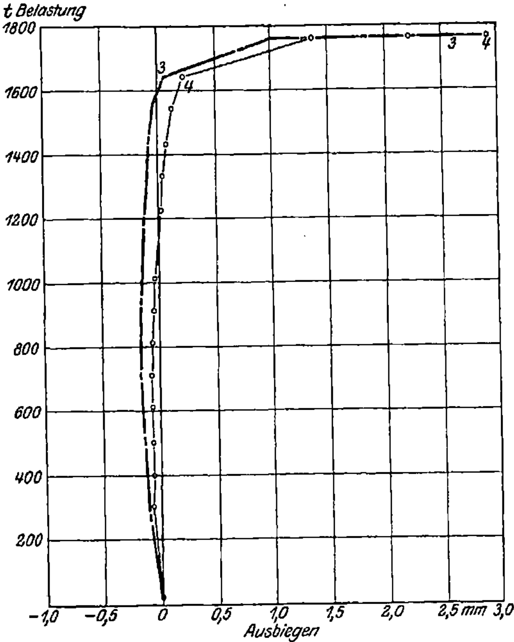

Fig. 14. Beobachtungen an den Meßpunkten 3 u. 4. Senkrechtes Ausbiegen.

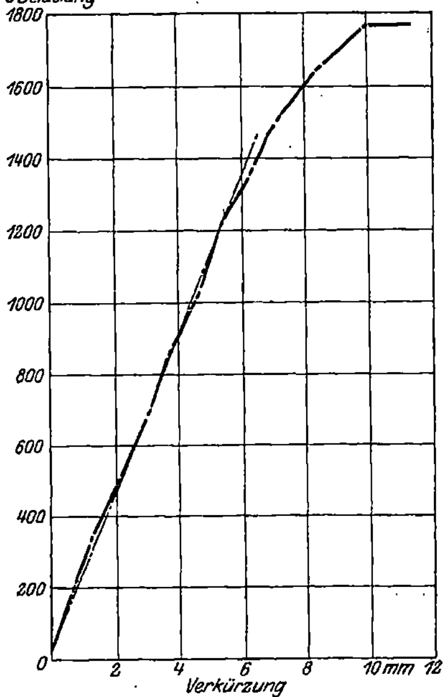

Fig. 15. Verkürzung des Stabes 68 mit wachsender Belastung.

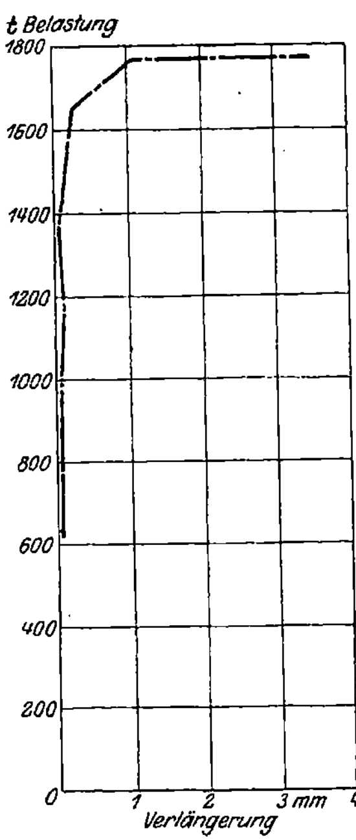

Fig. 16. Längenänderung der Stützfeder.

4. Längenänderungen der Stützfeder.

Die Stützfeder, die zum Ausgleich des Eigengewichtes in der Mitte unter dem Stabe angebracht war (s. Fig. 17), war nach dem Antrage ursprünglich mit 2,5 t angespannt. Entsprechend der Durchbiegung des Probestabes nach oben, verlängerte die Feder sich mit fortschreitender Belastung. Den Verlauf ihrer Verlängerung, beobachtet an dem an der Feder angebrachten Zeigerpaar (s. Fig. 6), zeigt Fig. 16.

Bei Erreichung der Belastung von 1760,9 t, unter der die letzten Beobachtungen stattfanden, betrug die Verlängerung der Feder 1,1 mm. Ihre hiermit verbundene Entspannung berechnet sich mit den Werten Tab. 1 nach dem Verhältnis $1 : 43{,}3 = 1{,}1 : x$, zu $x = 48$ kg. Mit diesem Betrage wirkte also das Eigengewicht des Stabes seinem Ausbiegen entgegen. Der Betrag wuchs im weiteren Verlauf der Ausbiegung unter gleichbleibender Druckbelastung entsprechend der Federdehnung um 3,4 mm auf $43{,}3 \cdot 3{,}4 = 147$ kg. Dieser Betrag ist so gering, daß er für den Verlauf des Versuches als belanglos angesehen werden kann.

Fig. 17. Stab nach dem Ausknicken in der Maschine.

5. Zerstörungserscheinungen an dem eingeknickten Stabe.

Lichtbild Fig. 17 zeigt den eingeknickten Stab in der Maschine. Eingeknickt ist der wagerechte Schenkel des unteren Saumwinkels (s. a. Fig. 18) und an derselben Stelle (s. Fig. 19) sind die beiden Stegbleche von dem Winkel abgebogen. Diese Knickstelle liegt nicht in Stabmitte, wohl aber im mittleren Felde, und zwar zwischen den Anschlußstellen der beiden sich kreuzenden, auf der offenen Seite des Stabprofils angebrachten Diagonalverstrebungen. Von letzteren ist die im Bilde Fig. 19 oben gelegene das schon oben erwähnte einfache Flacheisen, die untere das Winkeleisen, dessen einer Schenkel im Bereich der Auflagefläche auf den Saumwinkel fortgeschnitten ist. Durch dieses Entfernen des einen Schenkels ist der Winkel derart geschwächt, daß er der Druckbeanspruchung bei Stauchung des Stabes und dem Einwärtsbiegen des Saumwinkels bei *b* nicht widerstand, sondern im Bereich des ge-

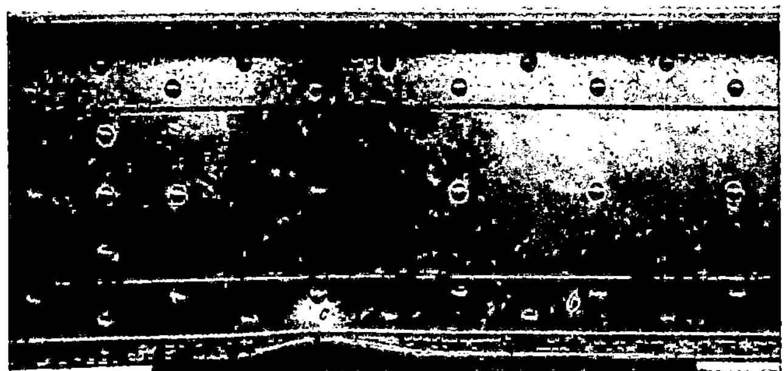

Fig. 18. Seitenansicht des eingeknickten Saumwinkels.

Fig. 19. Abbiegen der Stegbleche von dem Saumwinkel an der Knickstelle.

Fig. 20. Knickstelle des Winkels der Diagonalverstrebung bei *a*.

schwächten Teiles hinter den Anschlußnieten bei *a* einknickte. Fig. 20 zeigt diese Knickstelle in der Seitenansicht.

Seite 9 ist auf Grund der Durchbiegungsmessungen dargelegt, daß der Stab im ganzen nach oben, d. h. nach dem Deckblech hin sich durchbog, so daß die nach unten gelegenen Saumwinkel auf der offenen Profilseite die größten Druckbeanspruchungen erlitten. Letztere waren daher in der Nähe der Meßstellen 6, Fig. 8 besonders groß. Fig. 13 läßt nun erkennen, daß die Meßstelle 6 sich mit wachsender Belastung zunächst immer mehr von der Achse des Stabes entfernte. Leider ist 6 der einzige Beobachtungspunkt auf dem unteren Saumwinkel, so daß der Verlauf der seitlichen Durchbiegung dieses Saumwinkels nicht durch Beobachtungen nachgewiesen ist. Man wird aber nicht fehlgehen, wenn man allein aus der Bewegung von 6 darauf schließt, daß der untere Saumwinkel, wenn nicht in seiner ganzen Länge, so doch innerhalb des mittleren Feldes nach außen sich durchbog. Hierdurch ist dann aber die große Randspannung in diesem Saumwinkel, die mit der Durchbiegung des Stabes nach oben verbunden war, wieder vermindert worden. Nun zeigt Fig. 13 weiter, daß die Bewegung des Punktes 6 nach außen (rechts) bei über 1600 t Belastung in starke Bewegung nach innen (links) überging. Hiermit war aber eine Steigerung der Randdruckspannung im Saumwinkel verbunden und damit erklärt sich zwanglos, daß die Zerstörung des Stabes durch Einknicken dieses am stärksten beanspruchten Saumwinkels erfolgte.

Mit dem örtlichen Einknicken war nun weiter verbunden, daß die elastischen Stauchungen (Verkürzungen infolge Druckspannungen) des Saumwinkels, die vorher vielleicht über dessen ganze Länge gleichmäßig verteilt waren, sich unter mehr oder weniger weitgehender Entlastung des übrigen Teiles der Länge auf die Knickstelle konzentrierten und somit die Stauchung des knickenden Saumwinkels im mittleren Felde noch stark steigerten. Die Stegbleche mußten die gleich starke Stauchung erleiden. Sie hatten aber durch das örtliche Einbiegen des Saumwinkels bereits eine örtliche Ausbiegung nach der Stabachse hier erfahren und damit erklärt sich auch, daß die Stauchung der Stegbleche in starkem örtlichen Ausbiegen, und zwar neben der Knickstelle des Saumwinkels sich kundgab.

Das Niet c Fig. 18 hielt der beim Ausknicken der Stegbleche in ihm auftretenden starken Zugbeanspruchung stand, dehnte sich nicht merklich und hinderte das vollständige Loslösen des Stegbleches von dem Saumwinkel.

6. Zugversuche mit Materialproben aus Stab 68.

Zur Feststellung der Festigkeitseigenschaften des Materials des Stabes 68 sind zehn Zugversuche ausgeführt, zu denen die Proben von dem Werk mit eingeliefert waren, und zwar je vier Proben aus den Saumwinkeln b und den Stegblechen a, sowie je ein Stab aus dem Deckblech c, sowie zu den Querblechen.

Aus den Ergebnissen (Tab. 4) zeigt sich, daß die einzelnen Stabteile aus Material von verschiedenen Festigkeitseigenschaften bestehen. Die Festigkeit der Stegbleche bleibt mit $\sigma_B = 3420$ kg/qcm hinter der in den „Normalbedingungen" geforderten Mindestfestigkeit von 3700 kg/qcm zurück. Das Material der Saumwinkel genügt mit der mittleren Festigkeit von 3760 kg/qcm den „Normalbedingungen" gerade, während die Zugfestigkeit des Deckbleches und der Querbleche sich mit $\sigma_B = 4240$ und 4280 kg/qcm dem oberen Grenzwert der „Normalbedingungen" nähern. Ähnliche Unterschiede zeigen die Werte für die Streckgrenze.

7. Vergleich der beobachteten Knickkraft mit der berechneten.

a) Die reine Druckfestigkeit.

Bei den im Abschnitt 6 dargelegten Festigkeitsunterschieden und den verschieden großen Anteilen, die die einzelnen Glieder an dem Gesamtquerschnitt des

Stabes haben, erscheint es nicht zulässig, die Tragfähigkeit des Stabes als **reine Druckfestigkeit** mit der mittleren Materialfestigkeit zu berechnen, vielmehr ist es angebracht, der Berechnung die Einzelquerschnitte der verschiedenartigen Glieder und deren ermittelte wirkliche Festigkeiten zugrunde zu legen. In Frage kämen hierbei strenggenommen die Materialspannungen an der Quetschgrenze (Fließgrenze unter Druckbeanspruchung). Diese sind indessen nicht ermittelt; man wird daher die Werte für die Streckgrenzen σ_s in die Rechnung einzusetzen haben und hierzu um so mehr berechtigt sein, als die Spannungen an der Quetschgrenze und Streckgrenze nicht wesentlich verschieden zu sein pflegen und es auch allgemeiner Gebrauch ist, den Festigkeitsberechnungen der Konstruktionen die Ergebnisse des Zugversuches zugrunde zu legen. Die Berechnung gestaltet sich dann wie folgt:

4 Stegbleche: Querschnitt $f = 4 \cdot 70 \cdot 1{,}7$ cm $= 476{,}0$ qcm;	$\sigma_s = 2023$ kg/qcm;	Druckfestigkeit $=$	962,9 t
4 Winkel: „ $f = 4 \cdot 51{,}8$ qcm $= 207{,}2$ „ ;	$\sigma_s = 2608$ „ ;	„ $=$	540,4 t
1 Deckblech: „ $f = 96 \cdot 1{,}7$ cm $= 163{,}2$ „ ;	$\sigma_s = 2700$ „ ;	„ $=$	440,6 t
Insgesamt: Querschnitt $=$	846,4 qcm	Druckfestigkeit $=$ 1943,9 t	

Dieser berechneten Druckfestigkeit von 1943,9 t stehen gegenüber die beobachtete Belastung von 1761 t, bei der das starke Ausbiegen des Stabes begann, sowie die erreichte Höchstlast von 1862,2 t. Die erstere beträgt 90,6%, die letztere 95,8% der errechneten reinen Druckfestigkeit, entsprechend dem Verlust an Materialfestigkeit von 9,4% und 4,2% in der Konstruktion.

Mit den aus Tab. 4 ersichtlichen Materialspannungen σ_P an der Proportionalitätsgrenze berechnet sich die Tragfähigkeit:

$$\text{der 4 Stegbleche mit } f = 476{,}0 \text{ qcm und } \sigma_P = 1620 \text{ kg/qcm zu } 771{,}1 \text{ t}$$
$$\text{der 4 Winkel mit } f = 207{,}2 \text{ „ } \sigma_P = 2345 \text{ „ } \text{ „ } 485{,}9 \text{ t}$$
$$\text{des Deckbleches mit } f = 163{,}2 \text{ „ } \sigma_P = 1460 \text{ „ } \text{ „ } 238{,}3 \text{ t}$$

und demnach die Tragfähigkeit des Stabes an der Proportionalitätsgrenze zu

$$1495{,}3 \text{ t}$$

Beobachtet sind nach Fig. 15 für diese Grenze 1227 t. Demnach beträgt der beobachtete Wert 82,1% des berechneten.

Mit dem Gesamtquerschnitt und den Kleinstwerten für $\sigma_P = 1460$ und $\sigma_s = 2023$ ergeben sich 1236 und 1712 t. Diese Werte liegen den beobachteten sehr nahe.

b) Die Knickfestigkeit.

Ermittelt man für den untersuchten Stab mit

dem Querschnitt . . . . $F = 846{,}4$ qcm,

dem kleinsten Trägheitsmoment . . . . $J = 560\,100$ cm⁴,

der Länge . . . . $l = 788$ cm und

dem Verhältnis . . . . $\dfrac{l}{i} = 30{,}63$

die Knickkraft P nach **Euler**, wie es von der ausführenden Bauanstalt geschehen ist, sowie nach **Tetmajer**, so ergeben sich solgende Werte für P:

1. nach **Euler**

α) unter der allgemein üblichen Annahme von $E = 2150\,000$ kg/qcm

$$P = \frac{\pi^2 E J}{l^2} = \frac{9{,}86 \cdot 2150\,000 \cdot 560\,100}{783 \cdot 788} = 19\,122 \text{ t,}$$

β) mit dem ermittelten Wert (s. Tab. 4) $E = 2047\,000$ kg/qcm

$$P = \frac{9,86 \cdot 2047\,000 \cdot 560\,100}{788 \cdot 788} = 18\,206 \text{ t.}$$

2. nach Tetmajer ist die Knickspannung

$$\sigma_K = \alpha - \beta\,\frac{l}{i} = 3,1 - 0,0114 \cdot 30,63 \text{ in t/qcm} = 2,751 \text{ t/qcm}$$

und demnach:

$$P = \sigma_K \cdot F = 2,751 \cdot 846,4 = 2330 \text{ t.}$$

Das Verhältnis der beobachteten Knickfestigkeit zur berechneten ist demnach

$$1. \text{ nach } \textbf{Euler} = \frac{1862,2}{19122} = 0,097 \qquad \text{oder} \qquad = \frac{1862,2}{18206} = 0,102\,,$$

$$2. \text{ nach } \textbf{Tetmajer} = \frac{1862,2}{2330} = 0,80\,.$$

Die rechnungsmäßige Belastung des Stabes 68 in der Brücke beträgt 860 t; die Betriebssicherheit gegen Bruch ist demnach gleich

$$\frac{1862,2}{860} = 2,17\,.$$

B. Prüfung des Stabes 69.

Der Probestab ist der Endstrebe einer bestehenden Brücke nachgebildet, deren Belastung in der Brücke zu $P = 1133$ t berechnet ist. Seine Abmessungen und Konstruktion zeigt Fig. 21. Er hat im Querschnitt **H**-Form, die im wesentlichen aus je zwei Stegblechen 1—4, den vier Saumwinkeln a und dem Versteifungsblech b gebildet wird, das durch die vier Winkel c an die nach innen gelegenen Stegbleche angeschlossen ist. Auf die freien Schenkel der Saumwinkel a ist je ein Flacheisen aufgenietet, die nicht bis zu den Druckflächen heranreichen. Die beiden Enden des Stabes sind durch Bleche verstärkt, die gegen die Stegbleche gelegt sind und zwar in Fig. 21 am rechten Ende durch je 1 Blech (5 und 6) außen gegengelegt, am linken Ende durch je zwei Bleche (7 u. 8) innen und (9 u. 10) außen gegengelegt.

Die Hauptwerte des Stabes sind:

Gesamt-Knicklänge . . . . $l = 1401,5$ cm
Brutto-Querschnittsfläche . . . . . . $F = 1066,4$ qcm
Kleinstes Trägheitsmoment . . . . . . $J = 608\,657$ cm⁴
Kleinster Trägheitshalbmesser . . . . $i = \sqrt{\dfrac{J}{F}} = \sqrt{\dfrac{608657}{1066,4}} = 23,2$ cm
Verhältnis . . . . $l = \dfrac{l}{i} = 60,4\,.$

Zum Einbauen des Stabes in die Maschine derart, daß seine Achse mit der Maschinenachse zusammenfiel, waren wie beim Stabe 68 wieder Platten auf die Stabenden aufgenietet, die mit zylindrischen Ansätzen in die Druckplatten hineinragten.

Die Endflächen des Stabes waren durch Fräsen so bearbeitet, daß die Druckfläche am rechten Ende Fig. 21, nur von den sechs Stegblechen 1—6 und den vier

Saumwinkeln *a*, am linken
Ende ausschließlich von den
8 Stegblechen 1—4 und 7 bis
10 gebildet wurde.

Das Eigengewicht des
Stabes war gegen das Maschinengestell durch zwei Feder-
sätze (Stützfedern), s. Fig. 6,
abgefangen, die in der Mitte
unter dem Stabe aufgestellt
waren. Hierzu waren unter
dem mittleren Versteifungsblech *b* (Fig. 21) vier Winkel
quer zur Stabachse angebracht
und zwischen je zwei dieser
Winkel mit einem Bolzen die
Druckstücke *D* (Fig. 6) eingefügt; gegen diese Druckstücke
wirkte das Gestänge *C* der
Stützfedern.

Die Eichwerte der Fe-
dern, nach denen dieselben
vor dem Versuch auf je 4 t
angespannt sind, (das Eigengewicht des Stabes ist zu 16 t
angegeben) enthält Tab. 1.

Bei Prüfung des Stabes
wurde die Belastung in Stufen
von je etwa 100 t gesteigert
und hierbei wurden jedesmal
beobachtet:

1. die Längenänderungen
an beiden Enden des Stabes
zur Bestimmung der Einspannmomente,

2. das seitliche Ausbiegen
des Stabes in senkrechter und
wagerechter Richtung,

3. das Neigen der Druck-
platten. (Bewegungen der
Kugellager),

4. die Längenänderungen
der Stützfedern und

5. die Durchbiegungen
und Verkürzungen der beiden
Stabhälften, links und rechts
von den Stützfedern.

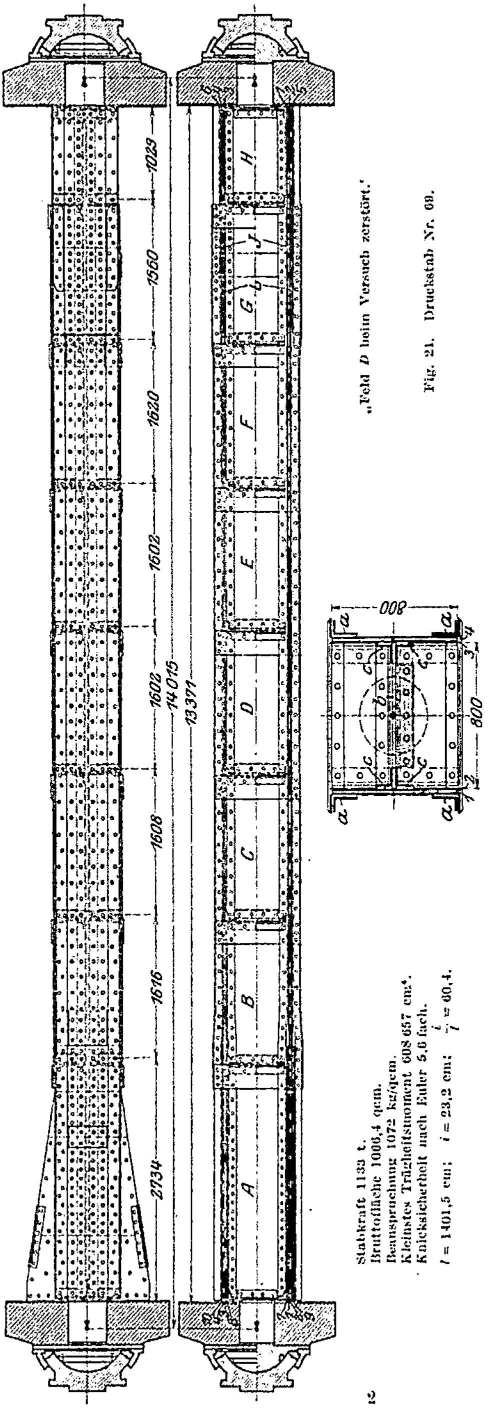

„Feld *D* beim Versuch zerstört.“

Fig. 21. Druckstab Nr. 69.

Statkraft 1133 t.
Bruttofläche 1006,4 qcm.
Beanspruchung 1072 kg/qcm.
Kleinstes Trägheitsmoment 608 657 cm⁴.
Knicksicherheit nach Euler 5,6 fach.
$l = 1401{,}5$ cm; $i = 23{,}2$ cm; $\frac{l}{i} = 60{,}4$.

1. Die Bestimmung der Einspannmomente.

Bei Prüfung des Stabes 68 hatte sich gezeigt, daß die Druckplatten den mit dem seitlichen Ausbiegen des Stabes verbundenen Schrägstellungen seiner Endflächen erst bei Belastungen kurz vor dem Ausknicken gefolgt waren. Es erschien daher notwendig durch besondere Beobachtungen die Einspannmomente festzustellen, die infolge der Bewegungswiderstände der Druckplatten, bezw. der Kugellager auf den Stab einwirkten. Zu diesem Zweck sind die Längenänderungen der Stegbleche an

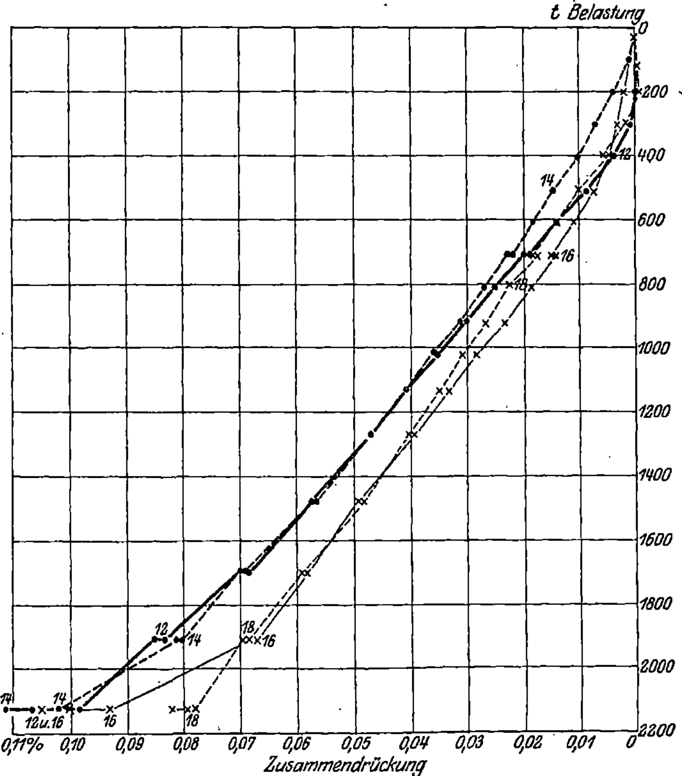

Fig. 22. Zusammendrückungen an den Enden der Stegbleche. Linkes Stabende.

den beiden Enden und den vier Ecken des Stabes (s. die Meßstellen 12, 14, 16, 18 und 20, 22, 24, 26 in der über Tab. 5 stehenden Figur) mit Martensschen Spiegelapparaten gemessen. Die Enden der Meßstrecken lagen an dem linken Stabende, auf das der Kolben des Arbeitszylinders einwirkte, etwa 12,5 cm und an dem rechten stärkeren, gegen das feste Widerlager sich stützenden Stabende etwa 1,0 cm von den Druckflächen entfernt. Die Meßlängen betrugen links 20 cm und rechts 15 cm. Die Beobachtungen, ausgedrückt in % der Meßlänge, sind in Tab. 5 zusammengestellt und in Fig. 22 und 23 zu Schaulinien aufgetragen.

Zur Berechnung der Einspannmomente aus den beobachteten Zusammendrückungen (Tab. 5) war zunächst festzustellen, auf welche Achse die Momente zu beziehen sind. Zur Erläuterung sind in Fig. 24 als Beispiel die Zusammendrükkungen an den vier Meßstellen 12, 14, 16 und 18 bei 1485 t Belastung als Kantenlängen eines Prismas aufgetragen, dessen Grundfläche die Lage der Meßstellen zueinander darstellt. Die Neigung der oberen durch Ausgleich erhaltenen Fläche des Prismas stellt hierbei den Verlauf der Spannungsverteilung über die Endfläche des Druckstabes dar. Sind die Zusammendrückungen für die Meßstellen 12 und 14 nahezu gleich groß und ebenso die für 16 und 18, so kann man der Berechnung der Einspannmomente die Annahme zugrunde legen, daß die Druckkräfte von der Kante $a\,b$ der größten Zusammendrückungen bei 12 und 14 nach der Kante $c\,d$ gleichmäßig abnehmen und der mittlere Kräfteabfall durch die Linie $e\,f$ dargestellt wird, die Einspannmomente sind dann auf die Achse $m—m$ zu berechnen, die im vorliegenden Falle mit der Mitte des Versteifungsbleches b Fig. 21 zusammenfällt. Die Ordinaten $e\,g$ und $f\,h$ berechnen sich in diesem Fall als Mittelwerte aus den beobachteten Ordinaten für a und b bzw. für c und d.

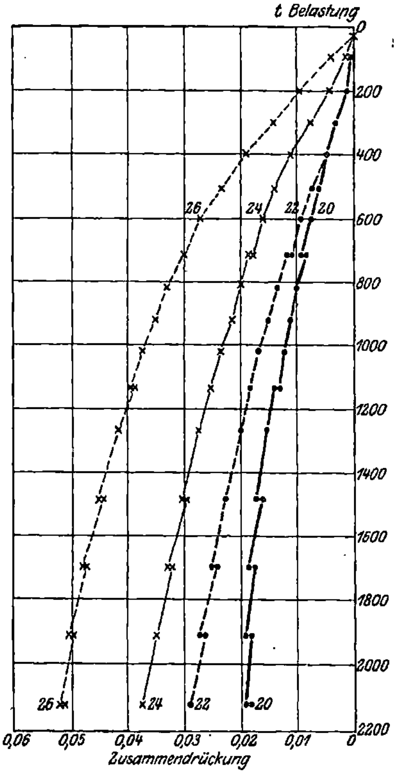

Aus Tab. 5 ersieht man, daß die Längenänderungen der Meßstrecken 12 und 14 sowie 16 und 18 von etwa 800 t Belastung ab bis 1911 t nahezu gleich groß sind. Für das linke, schwächere, am Kolben der Maschine gelegene Stabende kann also die Mittellinie $m—m$, Fig. 24, für den Belastungsbereich von 800—1900 t mit hinreichender Genauigkeit als Achse der Einspannmomente angesehen werden.

Wie später im Abschnitt 2 Seite 22 gezeigt ist, begann die bleibende seitliche Ausbiegung des Stabes etwa mit Überschreitung der Druckbelastung von 1134 t. Für diese Belastung berechnet sich das Einspannmoment, bezogen auf die Achse $m—m$, wie folgt:

Die mittleren Höhenverminderungen $e\,g$ und $f\,h$ (Fig. 24) ergeben sich zu

$$e\,g = \lambda_{b\,o} = \frac{408 + 409}{2} = 408,5\% \; 10^{-4}$$

$$f\,h = \lambda_{b\,u} = \frac{334 + 349}{2} = 341,5\% \; 10^{-4}\,;$$

Fig. 23. Zusammendrückungen an den Enden der Stegbleche. Rechtes Stabende.

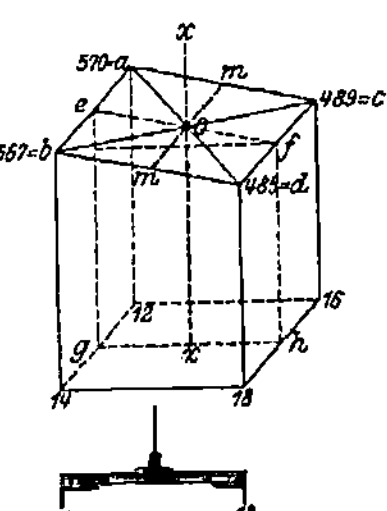

Fig. 24. Lastverteilung über die Druckfläche.

demnach sind nach Fig. 25 die beobachteten Höhenverminderungen um

$$\Delta\lambda = (\lambda_{bo} - \lambda_{bu})\,\tfrac{1}{2} = (408,5 - 341,5)\,\tfrac{1}{2} = \pm 33,5\% \cdot 10^{-4}$$

von der mittleren Höhenverminderung verschieden.

Hiernach berechnen sich die beobachteten Materialspannungen bei e und f (Fig. 24) mit dem üblichen Elastizitätsmodul $E = 2\,150\,000$ zu $\sigma_b = \dfrac{\Delta\lambda \cdot E}{l}$

$$= \pm\frac{33,5 \cdot 2\,150\,000}{100 \cdot 10\,000} = \pm 72 \ \text{kg/qcm}$$

größer oder kleiner als die mittlere Spannung.

Die Messungen erfolgten im Abstand $c = 37,7$ cm von der Mittelebene des Querschnittes (s. Fig. 25), die halbe Höhe des Querschnittes ist $h/2 = 40$ cm. Demnach berechnen sich die zusätzlichen Randspannungen

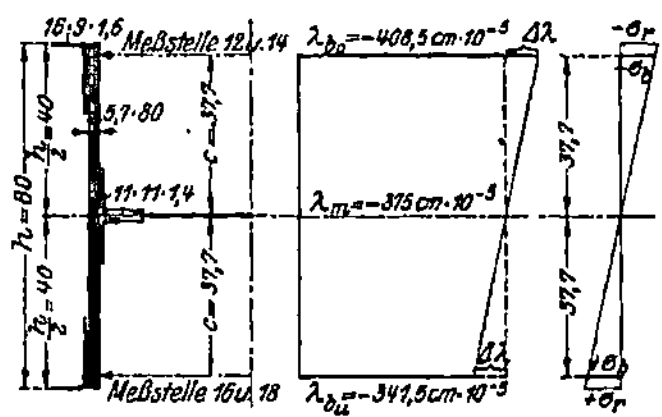

Fig. 25.
Bestimmung des Einspannmomentes.

$$\sigma_r = \pm \frac{\sigma_b \cdot h}{c} = \pm 72 \cdot \frac{400}{377} = \pm 76,4\,\text{kg/qcm}.$$

Das Einspannmoment M ist

$$M = W \cdot \sigma_r,$$

wenn W das Widerstandsmoment des Querschnittes bezogen auf die Achse $m-m$ bedeutet. Nun ist $J = 668700$ cm⁴ und demnach

$$W = \frac{2J}{h} = \frac{2 \cdot 668700}{80} = 16718 \ \text{cm}^3;$$

also $M = W \cdot \sigma_r = 16718 \cdot 76,4 \cong 13$ mt bei 1134 t Gesamtbelastung.

Führt man die Berechnung in gleicher Weise für 1698 t Belastung aus, so gelangt man mit den Werten der Tab 5 zu dem Einspannmoment $M \cong 20$ mt.

Bei 2125 t und bei Belastungen unter 800 t sind die beobachteten Zusammendrückungen an den Meßstellen 12 und 14, sowie 16 und 18 erheblich voneinander verschieden, ebenso an dem rechten stärkeren Stabende die beobachteten Zusammendrückungen an den Meßstellen 20 und 22 sowie 24 und 26 bei allen Laststufen. Hieraus ergibt sich, daß für sie keine der beiden Hauptachsen des Querschnittes die Momentenachse ist. Um die Lage der wirklichen Momentenachse angenähert zu ermitteln, ist zunächst diejenige Lage der oberen Endfläche des Prismas (Fig. 24) zu ermitteln, die den vier Werten für die beobachteten Längenabnahmen sich am besten anschließt. Die Schnittlinie dieser oberen mit der unteren Endfläche des Primas gibt dann die Richtung der Momentenachse.

Nachstehend ist als Beispiel die Bestimmung der Momentenachse und des Einspannmomentes für das rechte Stabende und 1698 t Belastung durchgeführt. Hierbei sind zur Vereinfachung der Bezeichnungen die Meßstelle 20 mit a, 24 mit b, 26 mit c und 22 mit d bezeichnet.

Mit den Dehnungswerten der Tab. 5 für die Belastung von 1698 t

$$\lambda_a = -187 \ \text{cm} \ 10^{-5}$$

$$\lambda_b = -327 \ \text{cm} \ 10^{-5}$$

$$\lambda_c = -481 \ \text{cm} \ 10^{-5}$$

$$\lambda_d = -249 \ \text{cm} \ 10^{-5}$$

und den Bezeichnungen Fig. 26 a erhält man zur Bestimmung der Lage der oberen ebenen Endfläche des Prismas (Fig. 24) zunächst für die Mittelpunkte S_{bd} und S_{ac} der Diagonalen b—d und a—c die Werte

$$\lambda_{bd} = \tfrac{1}{2}(\lambda_b + \lambda_d) = -288 \text{ cm } 10^{-5}$$

$$\lambda_{ac} = \tfrac{1}{2}(\lambda_a + \lambda_c) = -334 \text{ cm } 10^{-5}$$

und hieraus für den Schnittpunkt S der Prismenachse mit der oberen Endfläche den Wert

$$\lambda_s = \tfrac{1}{2}(\lambda_{bd} + \lambda_{ac}) = -311 \text{ cm } 10^{-5}$$

mithin ist die Strecke

$$S_{bd} \text{ bis } S = -23 \text{ cm } 10^{-5}$$

und

$$S_{ac} \text{ bis } S = +23 \text{ cm}^{-5}.$$

Die Ausgleichswerte für λ_a bis λ_d zur Erzielung der oberen ebenen Endfläche des Prismas berechnen sich dann wie folgt:

$$\lambda_a' = \lambda_a + 23 = -187 + 23 = -164 \text{ cm } 10^{-5}$$

$$\lambda_b' = \lambda_b - 23 = -327 - 23 = -350 \text{ cm } 10^{-5}$$

$$\lambda_c' = \lambda_c + 23 = -481 + 23 = -458 \text{ cm } 10^{-5}$$

$$\lambda_d' = \lambda_d - 23 = -249 - 23 = -272 \text{ cm } 10^{-5}$$

Die Richtung der durch den Punkt S (Fig. 26 a) gehend angenommenen Momentenachse (Nullinie η), d. h. die Richtung der Schnittlinie der beiden Endflächen des Spannungsprismas ist in Fig. 26a und 26b zeichnerisch ermittelt und ebenso die konjugierte Kraftlinie ζ.

Das Trägheitsmoment J_η kann hiernach mit genügender Genauigkeit zu $\tfrac{1}{2}(J_x + J_y)$ angenommen werden. Hierbei ist der Endquerschnitt des Stabes ohne die Saumwinkel zugrunde gelegt. Die Vernachlässigung der letzteren ist damit

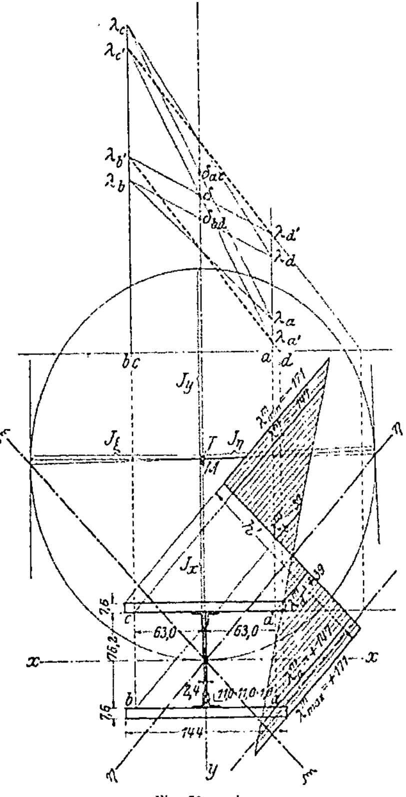

Fig. 26a u. b.
Bestimmung der Momentenachse und der Einspannmomente.

gerechtfertigt, daß sie nicht bis an die Druckfläche heranreichen und innerhalb der Meßstrecke nur mit einem Niet angeschlossen sind.

Die der Berechnung des Momentes zugrunde zu legenden Dehnungswerte λ_a^m, λ_b^m, λ_c^m und λ_d^m errechnen sich zu:

$$\lambda_a^m = \lambda_a' - \lambda_s = -164 + 311 = +147 \text{ cm } 10^{-5}$$

$$\lambda_b^m = \lambda_b' - \lambda_s = -350 + 311 = -39 \text{ cm } 10^{-5}$$

$$\lambda_c^m = \lambda_c' - \lambda_s = -458 + 311 = -147 \text{ cm } 10^{-5}$$

$$\lambda_d^m = \lambda_d' - \lambda_s = -272 + 311 = +39 \text{ cm } 10^{-5}.$$

Die im Querschnitt des Versuchsstabes mit den Meßstellen aufgetretenen Randdehnungen sind aus der zeichnerischen Darstellung (Fig. 26b) abgegriffen; sie betragen:

$$\lambda^m_{max} = \pm 171 \text{ cm } 10^{-5}.$$

Aus diesem Wert berechnet sich

$$\sigma_{max} = \frac{\lambda^m_{max} \cdot E}{l} = \frac{171 \cdot 2\,150\,000}{100\,000 \cdot 10} = 368 \text{ kg/qcm.}$$

Mit $J_x = 3\,952\,500$ cm⁴

$J_y = 3\,784\,100$ cm⁴

wird $\quad J_r = \dfrac{J_x + J_y}{2} = 3\,868\,300$ cm⁴

mit der Länge $h' = 166{,}8$ (s. Fig. 26b) ergibt sich:

$$M = \frac{\sigma \cdot 2\,J_\eta}{h'} = \frac{368 \cdot 2 \cdot 3\,868\,300}{166{,}8} \cong 171 \text{ mt.}$$

2. Das seitliche Ausbiegen des Stabes.

Zur Ermittlung des seitlichen Ausbiegens sind die räumlichen Bewegungen der in Fig. 27 mit a—h bezeichneten Meßpunkte mit Rollenapparaten beobachtet, die wie beim Stabe 68 (s. Fig. 9) an erschütterungsfrei aufgestellten Holzgestellen senkrecht über oder wagerecht neben den Meßpunkten angeordnet waren. Die Bewegungen der Meßpunkte wurden wieder durch Holzstäbe auf die Rollen der Apparate übertragen.

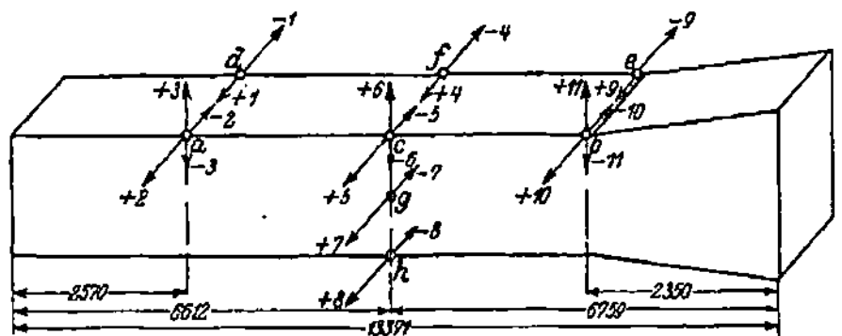

Fig. 27. Anordnung der Meßstellen zur Bestimmung des seitlichen Ausbiegens beim Stabe 69.

Die Meßpunkte a, c, b und d, f, e lagen auf dem oberen Rande der Stegbleche 1 und 3 (Fig. 21), also auf dem inneren der beiden nebeneinander liegenden durchgehenden Bleche. Die Meßpunkte g und h lagen senkrecht unter c, und zwar g auf der Außenseite des Stegbleches 4 in der Höhe des mittleren Versteifungsbleches b (Fig. 21) und h auf der unteren Fläche des inneren Stegbleches 3.

Für den am linken Ende (Fig. 27 links) neben dem Stabe stehenden Beobachter sind die Bewegungen der Meßpunkte nach oben und nach rechts als $+$ und die Bewegungen nach unten und nach links als $-$ bezeichnet.

Die für die Meßpunkte a, c, b beobachteten Bewegungen sowie die hieraus berechneten wagerechten, senkrechten und Gesamtausbiegungen des Stabes enthält Tab. 6.

Die Bewegungen des Meßpunktes c gegen die Punkte a und b, d. h., den Verlauf des wagerechten und senkrechten Ausbiegens zeigen die nach den Werten der Tab. 6 aufgetragenen Schaulinien (Fig. 28). Neben den Beobachtungspunkten sind die zugehörigen Belastungen niedergeschrieben. Aus dem allgemeinen Verlauf der Linie a für die Gesamtausbiegung unter der Belastung ergibt sich, daß der Stab bei der erstmaligen Belastung mit 2125 t sich um 1,4 mm wagerecht nach rechts und um 0,16 mm nach oben durchgebogen hatte. Unter dieser Belastung schritt die Ausbiegung dann in wagerechter Richtung weiter nach rechts fort, während die senkrechte Ausbiegung umkehrte und sogar negativ wurde, d. h. der Stab sich schließlich nach unten durchbog.

Die bleibenden Durchbiegungen nach dem Entlasten auf etwa 24 t waren nach dem Verlauf der Schaulinie *b* (Fig. 28) schon beim Entlasten nach 1485 t in senkrechter Richtung negativ, d. h. von dieser Belastung ab nach rechts unten gerichtet.

Beim Wiederanheben der jeweilig letzten Belastung vor dem Entlasten wurden die erstmalig beobachteten Ausbiegungen nach oben nicht wieder erreicht, die Schaulinie *a* (Fig. 28) verläuft daher im Zickzack.

Den Verlauf der aus den Durchbiegungen nach beiden Richtungen resultierenden Gesamtausbiegungen des Stabes mit wachsender Belastung zeigt die vollausgezogene Schaulinie (Fig. 29). Bis zu etwa 1100 t ist die Ausbiegung der Belastung annähernd proportional, bei höherer Inanspruchnahme des

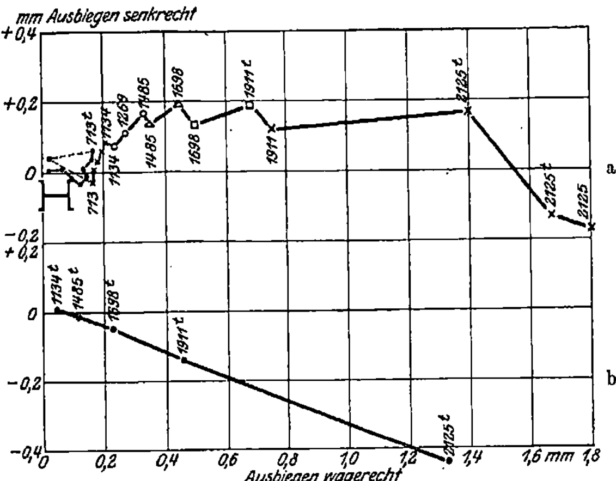

Fig. 28. Ausbiegen des Stabes 69 an der Meßstelle *c* gegen *a* und *b* (Fig. 27).
a) Gesamtausbiegung, b) Bleibende Ausbiegung.

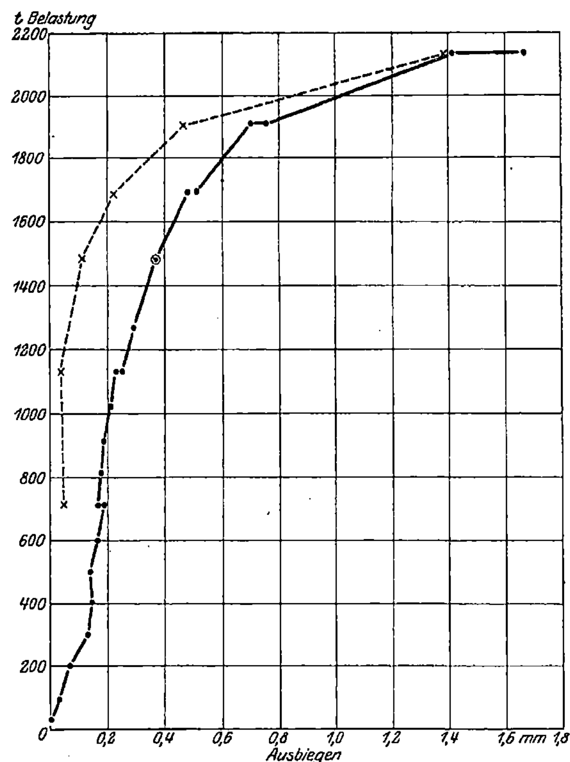

Fig. 29. Seitliches Ausbiegen des Stabes 69 zwischen den Meßpunkten *a b c*.
•———• gesamt, ✕----✕ bleibend.

Stabes wächst sie in stärkerem Maße als die Belastung und zugleich nimmt auch die bleibende Ausbiegung nach dem Verlauf der gestrichelten Linie (Fig. 29) mit der Belastung allmählich zu. Der Stab unterscheidet sich also in seinem Verhalten gegen seitliches Ausbiegen ganz wesentlich von dem Stabe 68, der fast plötzlich ausbog (s. Fig. 11).

Fig. 30 zeigt das wagerechte Ausbiegen des Stabes zwischen den Meßpunkten $a\,b$ und $d\,e$. Der allgemeine Verlauf ist für beide Schaulinien der gleiche. Innerhalb

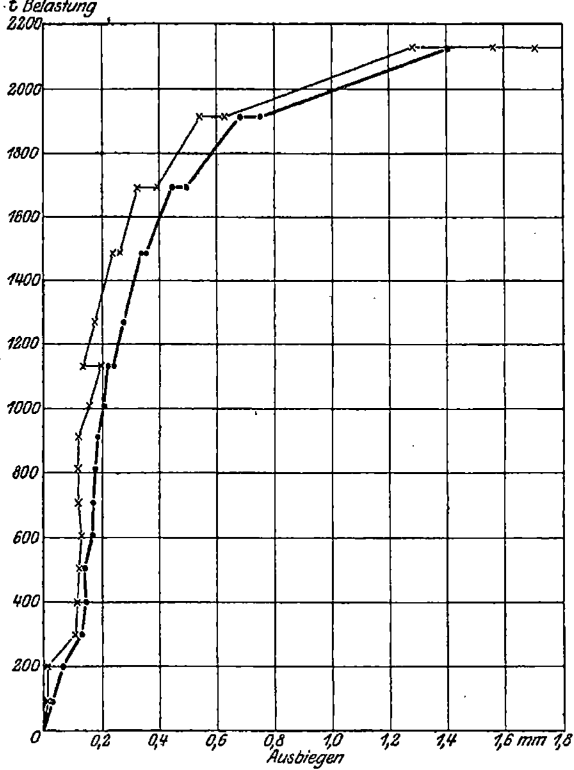

Fig. 30. Wagerechtes Ausbiegen des Stabes 69.

•——• Meßpunkt c gegen a und b ⎫
×----× Meßpunkt f gegen d und e ⎭ s. Fig. 27.

beider Meßstrecken erfolgte das Ausbiegen nach rechts; es war aber für die Meßstrecke $a\,b\,c$ (s. a. Tab. 6) größer als für die Strecke $d\,e\,f$ (s. a. Tab. 7). Hieraus folgt, daß die lichte Weite zwischen den Stegblechen (s. Fig. 21) beim seitlichen Ausbiegen des Stabes zunahm.

Fig. 31 gibt den Vergleich für die wagerechten Bewegungen der drei an demselben Stegblech senkrecht untereinander gelegenen Meßpunkte c, g und h (s. Fig. 27). Bei Belastungen über 1000 t bewegten sich alle drei Meßpunkte, entsprechend dem wagerechten Ausbiegen des Stabes, nach rechts. Punkt c hatte diese Bewegungsrichtung vom Beginn des Belastens an, während die Punkte g und h sich anfänglich nach links bewegten. Für den Punkt *g*, der in Höhe des mittleren Versteifungsbleches lag, war die seitliche Bewegung bis etwa 1200 t nur sehr gering. Dies dürfte als Beweis dafür angesehen werden können, daß die Achse des Stabes bis 1200 t keine wesentliche wagerechte Ausbiegung erlitt und die seitlichen Ausbiegungen, die vorher innerhalb der Meßstrecken *a*, *b*, *c* und *d*, *e*, *f* beobachtet worden sind (s. Fig. 30), im wesentlichen darauf zurückzuführen sind, daß die Stegbleche sich schief stellten.

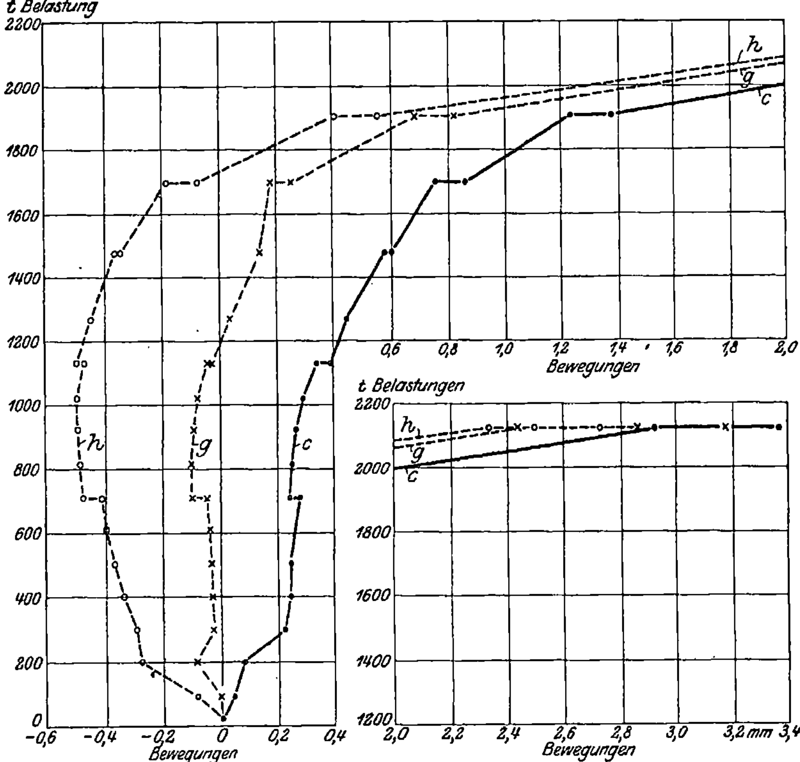

Fig. 31. Wagerechte Bewegungen der Meßpunkte *c*, *g* und *h*.

Hierbei ging der Meßpunkt *c* am oberen Rande dauernd nach rechts, also in bezug auf das H-förmige Profil nach außen, Punkt *h* dagegen anfänglich nach links, also nach innen.

Die wagerechten Bewegungen der in dem mittleren Stabquerschnitt liegenden Punkte *c* und *f* (s. Fig. 27) waren nahezu gleich groß (s. Fig. 32). An den Stabenden waren die Bewegungen bei *a* etwas größere als bei *d* (s. Fig. 33) und bei *e* wesentlich größer als bei *b* (s. Fig. 34).

3. Das Neigen der Druckplatten.

Das Neigen der Druckplatten um die wagerechte Mittellinie der Druckfläche ist mit Wasserwagen beobachtet, die auf die obere Fläche der Platten aufgesetzt waren. Für den vor dem Stab stehenden Beobachter sind die Neigungen nach links als negativ und die Neigungen nach rechts als positiv bezeichnet.

Der Verlauf der Neigungen beider Platten ist durch die Schaulinien (Fig. 35)
dargestellt (s. a. Skizze über der Fig. 35). Aus dem Verlauf dieser Linien erkennt man,
daß die linke gegen den Kolben gestützte Platte sich anfänglich mit wachsender Belastung nach links neigte, zwischen 500 und 1700 t nahezu fest stand und bei höheren
Belastungen sich nach rechts neigte. Die rechte, gegen das feste Widerlager gestützte
Platte neigte sich von 400 t ab zunächst etwas nach rechts und dann mit Überschreitung von 1700 t nach links.

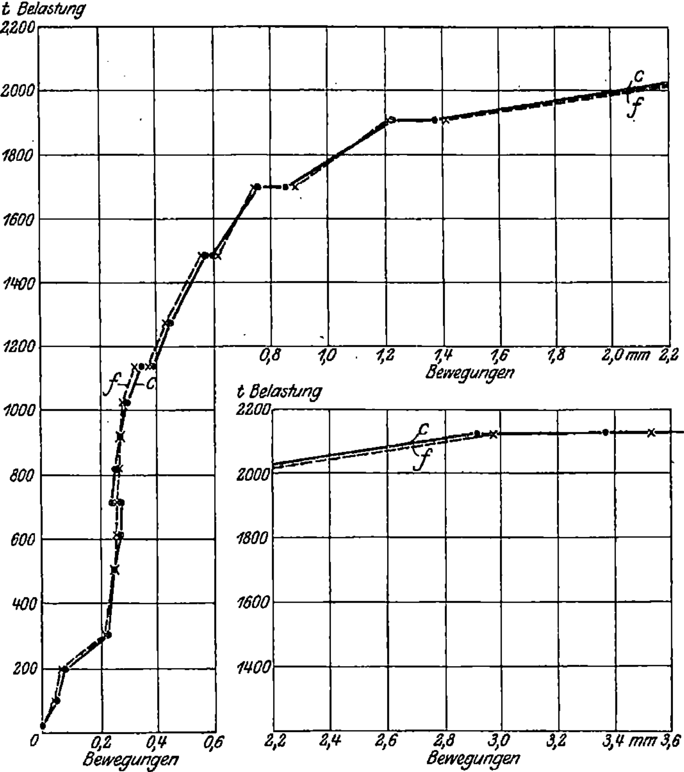

Fig. 32. Wagerechte Bewegungen der Meßpunkte c und f.

Diese Bewegungen der beiden Druckplatten entsprechen im allgemeinen den mit
dem beobachteten Ausbiegen des Stabes in senkrechter Richtung verbundenen Schief-
stellungen seiner Endflächen. Nach Fig. 28 fand bis zu etwa 1700 t Belastung Ausbiegen nach oben statt; dem entspricht die nach oben divergierende Einstellung der
Platten und mit der Umkehr des Ausbiegens des Stabes fiel auch die Umkehr in der
Neigung der Platten zusammen.

Auch die unter Abschnitt 1 besprochenen Stauchungen der Stegbleche an den
Stabenden stimmen wenigstens für das linke schwächere Stabende mit den Bewegungen
der Druckplatte überein. Solange die Platte hier oben nach links hinübergedrückt
wurde, mußte die Druckspannung im oberen Teil des Stabquerschnittes größer sein
als im unteren und tatsächlich sind, wie Fig. 22 zeigt, für die oben gelegenen Meß-

strecken 12 und 14 größere Zusammendrückungen beobachtet als für die unteren Meß-strecken 16 und 18. Bei Belastungen über 1900 t, d. h. nachdem die Neigung der Druckplatten eine Umkehr erfahren hatte, trat auch Ausgleich in den Stauchungen der Stegbleche oben und unten ein.

An dem rechten, stärkeren Stabende stimmt der Unterschied in den Stauchungen der Stegbleche mit der Neigung der Druckplatten nicht überein. Nach der letz-teren und entsprechend der anfänglichen Durchbiegung des Stabes nach oben hätte man für die oben gelegenen Meßstrecken 20 und 22 (s. Fig. über Tab. 5) auch die

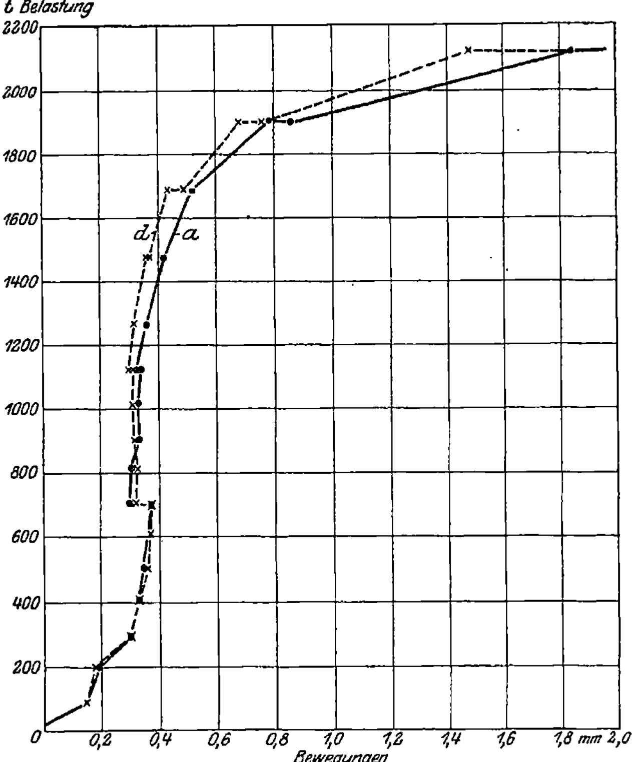

Fig. 33. Wagerechte Bewegungen der Meßpunkte a und d.

größeren Stauchungen erwarten sollen, während gerade das Material innerhalb der unten gelegenen Meßstrecken 24 und 26 stärker gestaucht wurde als oben (s. Fig. 23). Dieser Umstand zusammen mit der Beobachtung, daß auch die linke, mit dem Kolben verbundene Druckplatte ihre Neigung bei Steigerung der Belastung von 500 auf 1700 t nicht wesentlich änderte, obgleich der Stab sich noch weiter nach oben durch-bog, läßt die Ansicht aufkommen, daß der Bewegungswiderstand der Kugellager trotz des Wasserpolsters zwischen den Kugelflächen noch zu groß war, als daß die Kugellager während des ganzen Versuches in Wirkung traten. Es erscheint nicht ausgeschlossen, daß hierbei die Reibung in dem Stützlager c (Fig. 4) ausschlag-gebend war.

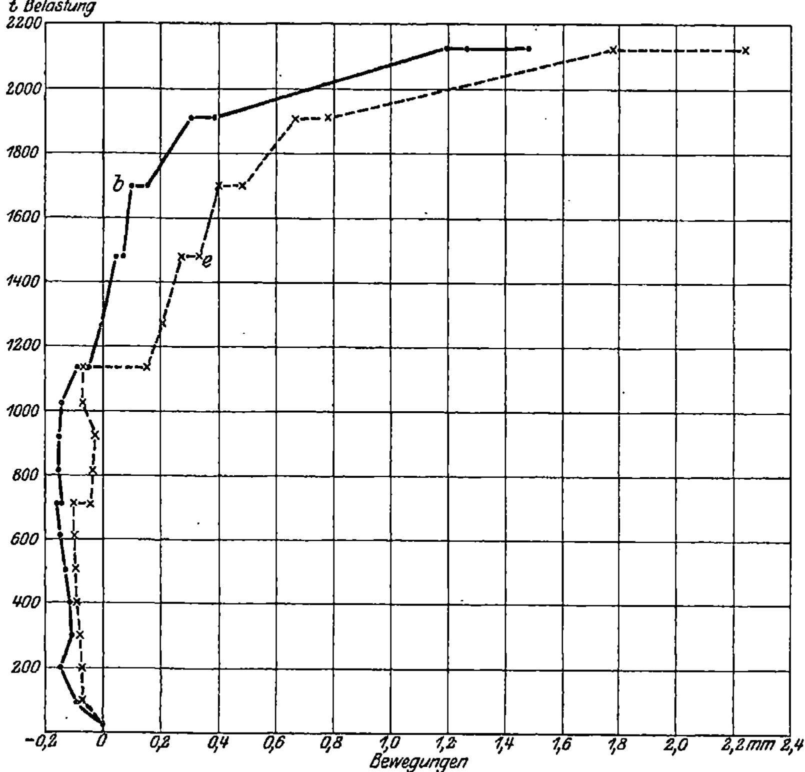

Fig. 34. Wagerechte Bewegungen der Meßpunkte *b* und *e*.

4. Die Längenänderungen der Stützfedern.

Den Verlauf der Längenänderungen der beiden Stützfedern mit wachsender Belastung des Stabes zeigen die Schaulinien Fig. 36. Die Längenänderungen stimmen für beide Federn gut überein, und zwar erlitten beide Federn von gleich an Längenabnahmen, während man entsprechend der Durchbiegung des Stabes nach oben bis 1700 t Längenzunahmen der Federn hätte erwarten sollen. Man wird aber dieser Unstimmigkeit keine besondere Bedeutung beizumessen haben, zumal es sich bis 1700 t nur um geringe Formänderung handelt und die durch Fig. 6 erläuterte Meßweise keinen Anspruch auf große Feinheit erheben kann. Zudem macht sich zwischen 700 und 1500 t Belastung eine geringe Abnahme der Verkürzung geltend.

Bei höheren Belastungen stimmt die Verkürzung der Stützfedern mit der Durchbiegung des Stabes nach unten überein.

Mit Erreichung der Belastung von 2125 t, bei der die letzten Beobachtungen erfolgten, war die Verkürzung der Feder 1 = 1,15 mm, die der Feder 2 = 1,40 mm. Hieraus berechnet sich die Mehranspannung der Federn, mit denen diese dem Ausbiegen des Stabes nach unten entgegenwirkten, aus den Werten der Tab. 1 zu 63 und 81 kg.

Für den Beginn des Ausknickens können diese Gegenkräfte wohl als belanglos erachtet werden. Dagegen hinderten die Federn den Stab am vollständigen Einknicken, so daß sie vor Beendigung des Versuches entfernt werden mußten. Für

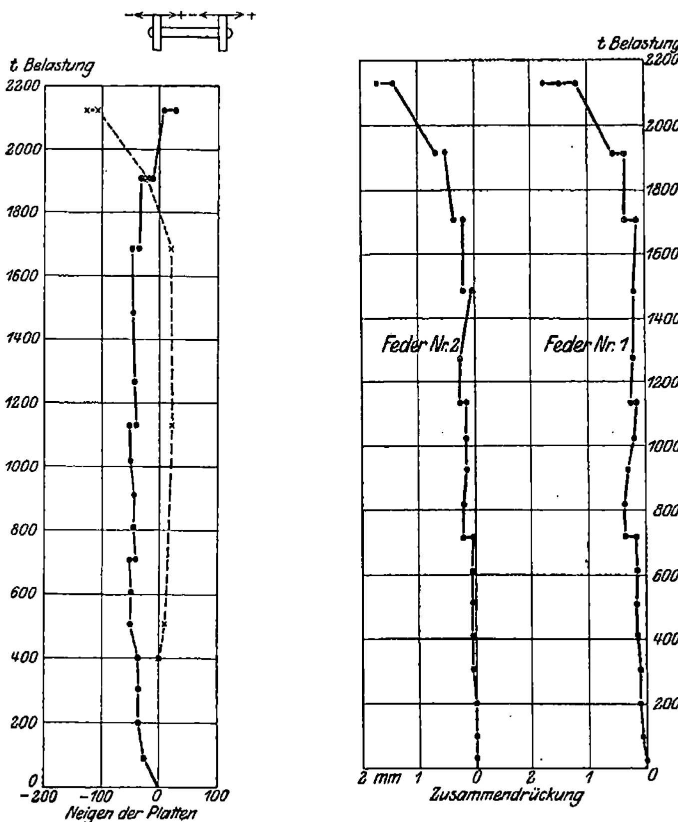

Fig. 35. Neigen der Druckplatten bei
wachsender Belastung.
•——• am Kolben, ×---× am Widerlager.

Fig. 36.
Längenänderung der Stützfedern.

weitere Versuche ist daher die Beschaffung hydraulischer Vorrichtungen zum Abfangen des Eigengewichtes nach dem Vorschlage des Berichterstatters in Aussicht genommen.

5. Die Durchbiegungen und Verkürzungen der beiden Stabhälften links und rechts von den Stützfedern.

Im Hinblick darauf, daß die Enden des Stabes verschieden stark ausgebildet waren, erschien es von Interesse die Durchbiegungen der beiden Stabhälften rechts und links von den in der Mitte untergestellten Stützfedern getrennt zu beobachten. Zu diesem Zwecke ist nach Fig. 37 je 40 mm von den Druckflächen und je 90 mm von dem mittelsten Stabquerschnitt entfernt ein Stahlstift in dem einen äußeren Stegblech angebracht und an den beiden Endstiften je ein feiner Draht befestigt, der über den zunächstgelegenen mittleren Stift mit Rolle fortgeführt, an dem herabhängenden Ende belastet und mit einem Zeiger ausgerüstet wurde. Hinter diesen Zeigern wurden die Maßstäbe 36 und 37 und hinter der Mitte der gespannten Drähte die Maßstäbe 34 und 35 auf dem Stegblech befestigt. Die Bewegungen der Drähte gegen die Maßstäbe 34 und 35 gaben die Durchbiegungen und die Bewegungen der Zeiger gegen die Maßstäbe 36 und 37 die Längenänderungen (s. Tab. 8)

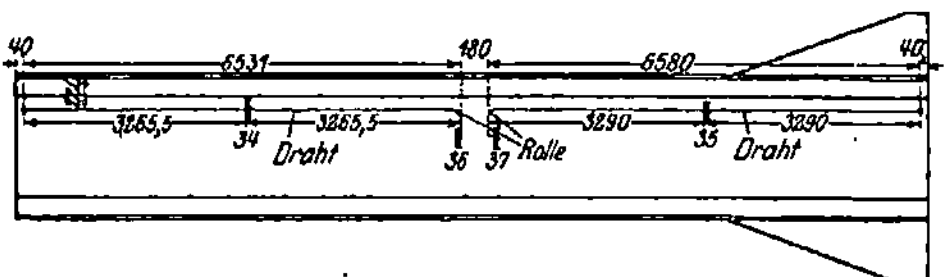

Fig. 37. Anordnung der Meßstellen zur Bestimmung der Durchbiegung und Verkürzung der Stabhälften des Stabes 69.

der beiden Stabhälften. Die Ergebnisse sind in Fig. 38 durch Schaulinien dargestellt. Aus der Lage der Linien zueinander ergibt sich, daß die linke Stabhälfte, die nur am Ende wenig verstärkt war, sich weniger durchbog aber größere Verkürzung erlitt, als die rechte, zum Teil erheblich verstärkte Hälfte (s. a. Abschnitt 3).

Hingewiesen möge ferner noch auf folgende Erscheinungen sein. Bei der zweiten Belastung mit 700 t hatte besonders die rechte Stabhälfte sich mehr nach oben durchgebogen als bei der erstmaligen Belastung, während die Stützfeder sich gleichzeitig zusammengedrückt hatte (s. Fig. 36) und in Übereinstimmung hiermit (s. Fig. 28) die senkrechte Durchbiegung des ganzen Stabes, die beim erstmaligen Belasten mit 700 t nach oben gerichtet war, nun in eine geringe Durchbiegung nach unten übergegangen war.

Die Durchbiegung der linken Stabhälfte (s. Fig. 38) war unter 1485 t nach voraufgegangenem Entlasten negativ, während sie beim erstmaligen Belasten positiv gewesen war. Die Stabhälfte hatte sich also beim zweiten Belasten nach unten durchgebogen. Hiermit stimmt überein, daß auch die nach oben gerichtete senkrechte Ausbiegung in der Mitte des ganzen Stabes beim zweiten Belasten mit 1485 t (s. Fig. 28) geringer war als beim ersten und ebenso, daß gleichzeitig die Zusammendrückungen der Stützfedern zugenommen hatten (s. Fig. 36).

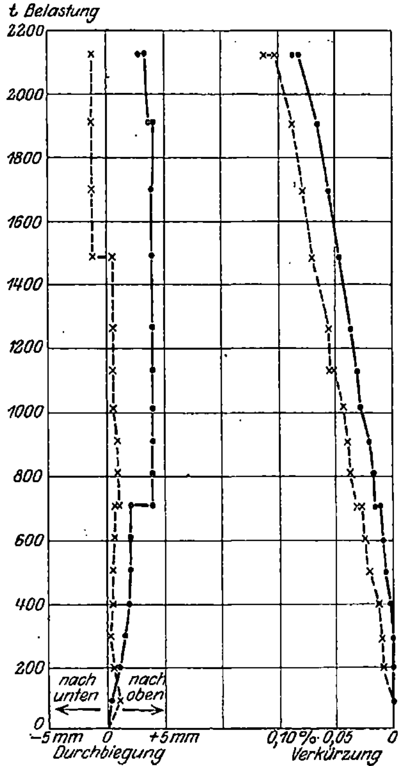

Fig. 38. Durchbiegung des Stabes 69 und Verkürzung seiner beiden Hälften bei wachsender Belastung.
•·—·· rechte Hälfte } s. Fig. 37.
×·-·-× linke Hälfte

6. Zerstörungserscheinungen an dem eingeknickten Stabe.

Fig. 39 zeigt den unter der Höchstlast nach unten durchgebogenen Stab in der Maschine, Fig. 40 die Seitenansicht und Fig. 41 die obere Seite des Stabes an der Stelle größter Formänderung nach der höchsten erreichten Belastung von 2293,8 t.

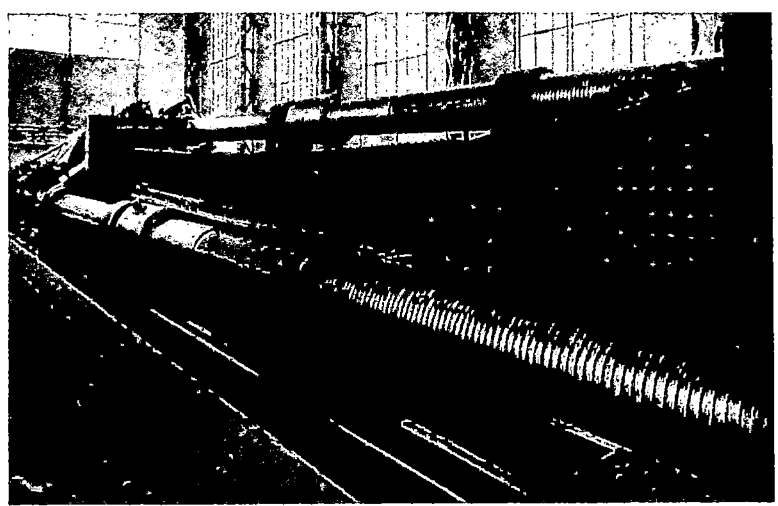

Fig. 39. Nach unten durchgebogener Stab 69 in der Maschine.

Fig. 40. Seitenansicht des Stabes an der Stelle größter Formänderung.

Diese Bilder sprechen für sich. Hervorgehoben möge aber sein, daß trotz der starken Verbiegungen der vernieteten Teile keines der hierbei stark beanspruchten Niete gerissen ist.

Die in Fig. 41 zutage tretende seitliche Ausbauchung der Stegbleche war erwartet worden und daher waren zur Feststellung ihrer Größe in Mitte der einzelnen durch die Querbleche begrenzten Felder H—A (Fig. 21) auf dem beim Versuch nach oben gelegenen Rande der inneren Stegbleche 1 und 3 diametral gegenüber Marken angebracht worden. Für die Abstände der Marken desselben Feldes voneinander vor und nach dem Versuch sind folgende Werte ermittelt:

Feld-Zeichen (s. Fig. 21):	A	B	C	D	E	F	G	H	
Markenabstand vor dem Versuch	819,2	823,1	822,0	822,8	822,6	820,2	820,0	823,4	mm
„ nach „ „	819,1	807,2	827,7	936,6	824,2	820,9	820,1	823,4	„
Änderung des Markenabstandes . .	—0,1	—15,9	+5,7	+113,8	+1,6	+0,7	+0,1	+0,0	„

Fig. 41. Obere Seite des Stabes 69 an der Stelle größter Formänderung.

Sie lassen erkennen, daß im kurzen Felde H keine nennenswerte seitliche Verbiegung der Stegbleche eingetreten ist; bei den Feldern A und B erfolgte Verbiegen nach innen, bei allen anderen nach außen. Die Verbiegungen in den Feldern C und E sind gegenüber der Verbiegung in dem dazwischenliegenden eingeknickten Felde D als gering zu bezeichnen. Dies zeugt von der guten Wirkung der Querbleche und tatsächlich scheint Verschiebung dieser Querbleche auf den Saumwinkeln nicht eingetreten zu sein.

Die Stegbleche 1 und 3 waren an den in Fig. 21 mit J und K bezeichneten Stellen, die Stegbleche 2 und 4 bei L und K gestoßen. Um feststellen zu können, ob Verschiebungen an den Stoßstellen eintraten, sind zu beiden Seiten der Stoßstellen Marken auf den Kanten der Stegbleche angebracht und ihre Abstände vor und nach dem Versuch ausgemessen. Die Ergebnisse enthält nachstehende Gegenüberstellung:

Stegblech Nr.	1		2		3		4	
Stoßstelle	J	K	L	K	J	K	L	K
Meßlänge vor dem Versuch	24,3	25,2	25,1	25,4	25,2	24,2	26,0	24,4
„ nach „ „	24,6	26,0	24,8	25,7	24,8	23,9	26,0	24,8
Längenänderung	+0,3	+0,8	—0,3	+0,3	—0,4	—0,3	+0,0	+0,4

Hiernach sind zwar im allgemeinen nur geringe aber immerhin wahrnehmbare Verschiebungen an den Stoßstellen eingetreten.

7. Vergleich der beobachteten Knickfestigkeit mit der berechneten.

Für den untersuchten Stab mit:

$$\text{dem Querschnitt} \dots\dots\dots\dots F = 1066,4 \text{ qcm}$$
$$\text{dem kleinsten Trägheitsmoment} \dots J = 608\,657 \text{ cm}^4$$
$$\text{der Länge} \dots\dots\dots\dots\dots l = 1401,5 \text{ cm}$$
$$\text{dem Verhältnis} \dots\dots\dots\dots \frac{l}{i} = 60,4$$

berechnet sich die Knicklast unter Annahme des Elastizitätsmoduls zu

$$E = 2\,150\,000 \text{ kg/qcm}$$

1. nach Euler zu

$$P = \frac{\pi^2 \cdot E J}{l^2} = \frac{9,86 \cdot 2\,150\,000 \cdot 608\,657}{1401,5 \cdot 1401,5} = 6569 \text{ t}.$$

2. Nach Tetmajer ist die Knickspannung

$$\sigma_k = \alpha - \beta \frac{l}{i} = 3,1 - 0,0114 \cdot 60,4 = 2,411 \text{ t/qcm}$$

und demnach

$$P_k = \sigma_k \cdot F = 2,411 \cdot 1066,4 = 2571 \text{ t}.$$

Der Verhältnis der beobachteten Knickfestigkeit zur berechneten ist demnach:

1. nach Euler $\quad = \dfrac{2293,8}{6569} = 0,35$,

2. nach Tetmajer $= \dfrac{2293,8}{2571} = 0,89$.

Die rechnungsmäßige Belastung des Stabes in der Brücke beträgt 1133 t; die Betriebssicherheit ist demnach $= \dfrac{2293,8}{1133} = 2,02$.

IV. Die Prüfung von Zugstäben.

A. Prüfung des Zugstabes 76.

Die Abmessungen des Stabes zeigt Fig. 42. Er besteht aus einem 5220 mm langen Flachstab von 500 mm Breite und 18 mm Dicke, der an beiden Enden mit 13 Nieten an zwei Laschen von 11 mm Dicke angeschlossen ist. Die Niete haben 23 mm Durchmesser und sind in 5 Reihen dreieckförmig angeordnet. Hieraus ergeben sich folgende Größen:

Gesamtquerschnitt des Stabes $\dots\dots = 50,0 \cdot 1,8 = 90,0$ qcm

Nettoquerschnitt des Stabes $\dots\dots = (50,0 - 2,3) \cdot 1,8 = 85,86$ qcm

Schubquerschnitt der Anschlußniete $\dots = 13 \cdot 2 \cdot 4,15 = 107,9$ qcm

Leibungsfläche der Anschlußniete $\dots\dots = 13 \cdot 2,3 \cdot 1,8 = 53,82$ qcm

Die Endlaschen sind mit je einem Bolzen von 320 mm Durchmesser an die Einspannteile der Maschine drehbar angeschlossen. Die Gesamtlänge zwischen den Bolzen beträgt 6280 mm.

Die Erprobung des Materials des Flachstabes und der Laschen lieferte die in Tab. 9 zusammengestellten Ergebnisse. Bei Prüfung in der 3000-t-Maschine stand der Stab 76 hochkant, so daß also Fig. 42 die Seitenansicht darstellt.

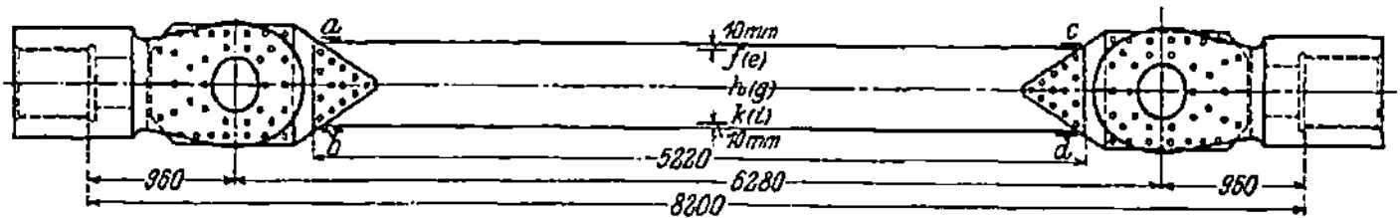

Fig. 42. Zugstab Nr. 76.

Nettoquerschnitt des Stabes = (50,0—2,3) · 1,8 = 85,86 qcm.
Nietquerschnitt des Anschlusses = 13 · 4,15 · 2 = 107,9 qcm.
Leibungsfläche der Anschlußniete = 13 · 2,3 · 1,8 = 63,82 qcm.

Unter stufenweiser Laststeigerung ist beobachtet an den in Fig. 42 mit a bis k bezeichneten Stellen:

1. Die Dehnung annähernd in der Mitte der Stablänge an beiden Rändern (Meßstellen e, f, i und k) und in der Mitte (g und h). Die Meßapparate, Martensche Spiegelapparate, wurden auf beiden Breitseiten angebracht. Die Anzeigen der paarweise gegenüberliegenden Apparate sind zu Mittel zusammengefaßt (s. Tab. 10).
2. Das Gleiten der Laschen gegen den Stab an den Meßstellen a bis d (s. Fig. 42).

1. Die Dehnungsmessungen.

Die im Kopf der Tab. 10 zu den Dehnungen angegebenen Belastungen P sind aus der Kolbenfläche F der Maschine, dem Wasserdruck p in at. und der Leergangsreibung R der Maschine berechnet nach der Gleichung $P = p F - R$ mit den Werten: $F = 7918$ qcm und $R = 3{,}94$ t. Die Drucke p sind an dem Manometer 211 beobachtet. Das Manometer ist in Grade geteilt. Die Beziehungen zwischen der Gradteilung und dem Druck in at. ergeben sich aus Tab. 11.

Aus den Beobachtungswerten Tab. 10 folgt, daß

a) die Dehnung in Mitte der Stabbreite bis zu 82 t Belastung etwas größer war als die mittlere Dehnung an den Stabrändern; der Unterschied nimmt mit wachsender Belastung ab und von 97 t ab überwiegt die Dehnung an den Stabrändern, und zwar um so mehr, je größer die Belastung ist. Von den beiden Stabrändern zeigt bis zu 21 t der untere und bei höheren Belastungen der obere die größere Dehnung[1]).

Die besprochenen Unterschiede in den Dehnungen sind indessen nicht beträchtlich, so daß man die Verteilung der Belastung über den Stabquerschnitt als hinreichend gleichmäßig erachten kann, um aus der beobachteten mittleren Dehnung des Stabes und der Dehnungszahl des Materials, die nach Tab. 9 zu $\frac{1}{\alpha} = E = 2\,079\,000$ ermittelt ist, die tatsächlich auf den Stab übertragenen Belastungen P_1 zu berechnen. Die für P_1 erhaltenen Werte sind in Tab. 10 mit aufgeführt. Ferner sind die Unter-

---

[1]) Der Stab lag bei der Prüfung hochkant. Seine Durchbiegung δ unter dem Eigengewicht berechnet sich mit $l = 628$ cm, $E = 2\,150\,000$ kg/qcm, $J = 18\,750{,}3$ cm⁴ und $q = 0{,}7065$ kg für 1 cm Länge zu $\delta = 0{,}355$ mm.

schiede zwischen den Kraftanzeigen P und den Belastungen P_1 sowohl in t als auch in % von P_1 berechnet.

Die Berechnung von P_1 aus der Dehnung und der Dehnungszahl (dem Elastizitätsmodul) des Materials ist natürlich nur für die Belastungen innerhalb der Proportionalitätsgrenze σ_P des Materials gültig. Nach Tab. 9 liegt σ_P bei 1330 kg/qcm, daher sind in Tab. 10 die Werte von P_1, nur für $\sigma < 1330$ kg/qcm berechnet.

Aus den prozentuellen Unterschieden zwischen P und P_1 ergibt sich, daß die Kraftanzeige P bis zu etwa 70 t erheblich größer war als die auf den Probestab übertragene Belastung P_1. Der Unterschied beträgt 6,5 bis 2,11% und nimmt mit wachsender Belastung ab. Bei 82 t ist P_1 fast gleich P und bei höheren Belastungen bis zu 113 t ist $P_1 > P$. Der Unterschied bleibt aber kleiner als 1%.

Den Verlauf der Dehnung des Stabes 76, gemessen auf 1 m Länge, mit wachsender Belastung bis zur Streckgrenze zeigt Fig. 43. Die Streckgrenze ist hiernach bei der Belastung $P = 240{,}56$ t erreicht. Dies entspricht der Spannung $\sigma_S = 2680$ kg/qcm. Nach Tab. 9 hatten

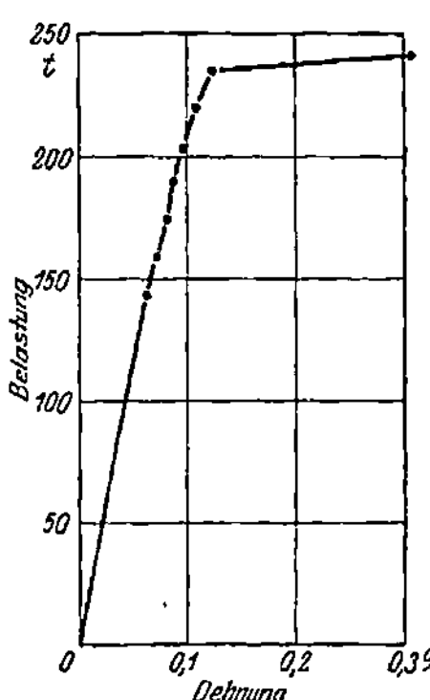

Fig. 43. Dehnung des Stabes 76 mit wachsender Belastung.

die Materialproben den Mittelwert $\sigma_S = 2670$ kg/qcm ergeben. Beide Werte stimmen gut überein, so daß hiernach die Kraftanzeige bis zu 240 t hinreichend genau war.

2. Das Gleiten der Laschen gegen den Stab.

Das Gleiten der Stabenden zwischen den Anschlußlaschen mit wachsender Belastung zeigen die Schaulinien Fig. 44. Die Linien a und b gelten für das linke, die

Linien c und d für das rechte Stabende; dabei lagen die Meßstellen a und c auf dem oberen, die Meßstellen b und d auf dem unteren Rande des Stabes (s. Fig. 42). Der Verlauf der Linien läßt erkennen, daß das Gleiten schon bei 20 t Belastung wahrnehmbar war und von etwa 50 t Belastung ab, entsprechend einem Lochleibungsdruck von

$$\frac{50\,000}{53{,}82} = 930 \text{ kg/qcm}$$

in stärkerem Maße zunahm. An beiden Enden war das Gleiten

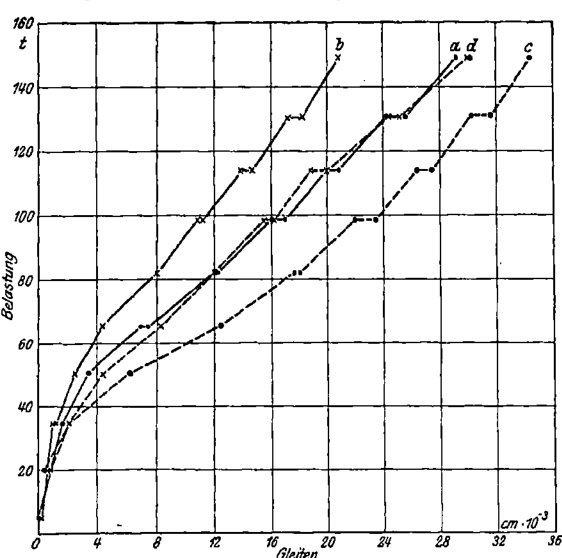

Fig. 44. Gleiten der Stabenden zwischen den Anschlußlaschen. Meßstellen a und b am linken, c und d am rechten Stabende.

auf dem beim Versuch nach oben gelegenen Stabrande, Meßestellen a und c größer als auf dem unteren Rande. Dem entspricht nach Tab. 10 die größere Dehnung in Stab-Mitte am oberen Rande (Meßstellen f und e) gegenüber den Dehnungen für k und i.

Der Bruch des Stabes erfolgte bei 379,6 t Belastung ohne den geringsten Schlag, indem der Bruch bei a (Fig. 45) begann und von Nietloch zu Nietloch sich fortpflanzte. Die Stelle a lag am oberen Rande des Stabes. Die schon bei den vorbesprochenen Dehnungs- und Gleitmessungen hervorgetretene stärkere Zugspannung an diesem Rand hat also bis zum Bruch angehalten. Es erscheint daher nicht ausgeschlossen, daß die erzielte Bruchlast durch die ungleichmäßige Lastverteilung ungünstig beeinflußt worden ist.

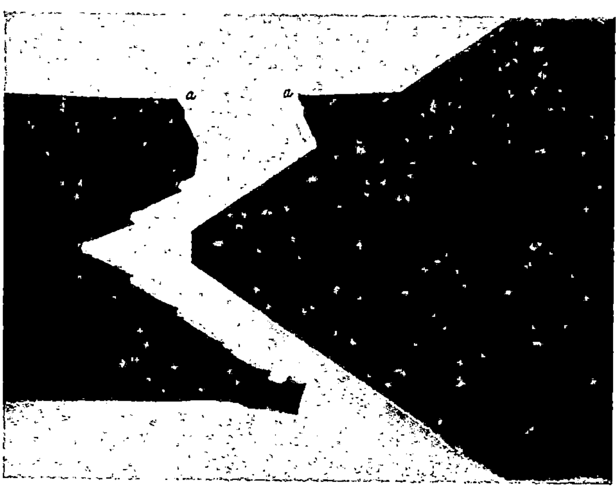

Fig. 45. Bruchstelle des Stabes 76.

Auf den Nettoquerschnitt von 85,86 qcm des Stabes bezogen, beträgt die Bruchspannung des Stabes $\dfrac{379\,600}{85,86} = 4420$ kg/qcm. Die Bruchfestigkeit des Materials ist nach Tab. 9 zu 4990 kg/qcm ermittelt. Der Nettoquerschnitt ist in der üblichen Weise berechnet, indem von dem Gesamtquerschnitt das vordere Nietloch des Dreiecks Nietbildes in Abzug gebracht ist. Bei dieser Berechnungsweise sind also $\dfrac{4420 \cdot 100}{4990} = 89\%$ der Materialfestigkeit in dem Zugstabe 76 ausgenutzt worden.

Der Bruch begann nach Fig. 45 bei a in dem Querschnitt mit 3 Nieten. Der Nettoquerschnitt beträgt hier $(50,0 - 3 \cdot 2,3)\,1,8 = 77,58$ qcm. Mit ihm berechnet sich die Materialspannung zu $\dfrac{379\,600}{77,59} = 4890$ kg/qcm. Sie entspricht einer Ausnutzung der Zugfestigkeit des Materials von $\dfrac{4890}{4990} \cdot 100 = 98\%$.

B. Prüfung von zwei geschmiedeten Stahlstäben.

Die Stäbe, gez. 80 und 81, von denen 80 für 1000 t und 81 für 500 t Bruchbelastung berechnet war, sind von der Gutehoffnungshütte zu Oberhausen geliefert. Ihre Abmessungen sind aus Fig. 46 und 47 zu ersehen.

Bei Festsetzung der Abmessungen der Stabköpfe war maßgebend, daß die Versuche zugleich dazu dienen sollten, ebenso wie mit dem Stabe 76, festzustellen, mit welcher Genauigkeit die Kraftäußerung P der Maschine nach der Formel

$$P = p \cdot F - R$$

berechnet werden kann, wenn

   p den am Manometer abgelesenen Wasserdruck im Zylinder,

   F die Kolbenfläche und

   R die Leergangsreibung

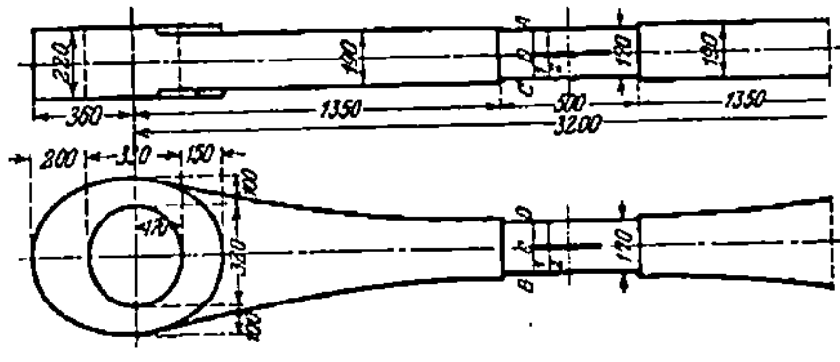
Fig. 46. Abmessungen des Stabes 80.

bedeuten. Zu diesem Zweck sollten die Stäbe zunächst auf der 500-t-Maschine des Amtes bis nahe zur Proportionalitätsgrenze geprüft und hierbei die Beziehungen zwischen Belastung und Dehnung, die Dehnungszahl, ermittelt werden, um dann später bei Prüfung der Stäbe auf der 3000-t-Maschine umgekehrt die wirklichen Belastungen aus den elastischen Stabdehnungen berechnen und mit den nach obiger Formel ermittelten Kraftäußerungen der Maschine in Vergleich stellen zu können. Insbesondere mußten daher die Abmessungen der Stabköpfe auch den zur 500-t-Maschine vorhandenen Einspannvorrichtungen angepaßt werden.

Die Bohrungen in den Stabköpfen wurden als Langlöcher ausgebildet, damit die Stabköpfe in den Einspannklauen sich verschieben konnten und so mit Sicherheit erreicht wurde, daß die Stäbe beim wiederholten völligen Entlasten nicht auf Druck beansprucht wurden.

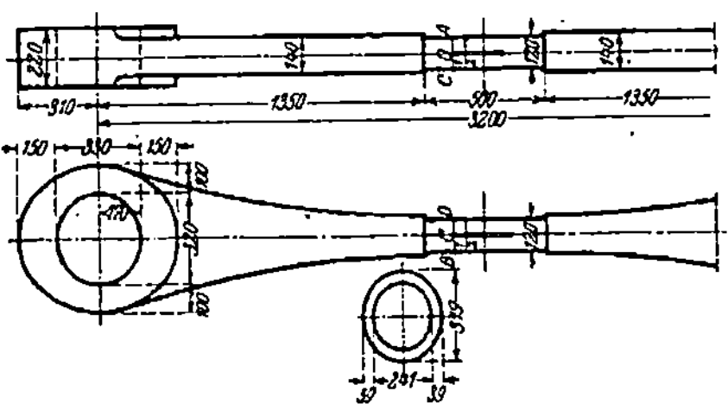
Fig. 47. Abmessungen des Stabes 81.

Zur Bestimmung der Dehnung mittels Martensscher Spiegelapparate sind die Stäbe je mit Ringmarken *1* und *2*, Fig. 46 und 47, versehen, in die die Schneiden der Meßfedern so eingesetzt wurden, daß sie parallel zu Längsmarken lagen, die paarweise bei A, B, C und D angebracht waren.

Mit den großen Stäben 80 und 81 zugleich waren sechs Zerreißproben an das Amt eingeliefert, und zwar 1—3 zu Stab 80, 4—6 zu Stab 81. Nach Angabe der Gutehoffnungshütte sind diese Stäbe nebeneinander und nahe der Oberfläche (Randzone) aus Probestücken von etwa 200 · 200 mm Querschnitt entnommen, die an einem Ende der großen Stäbe angeschmiedet waren. Die Reststücke der Probestücke waren leider vom Werk verworfen, so daß es nicht mehr möglich war, auch aus dem Kern der Schmiedestücke noch Zugstäbe zur Erprobung des Materials zu entnehmen.

1. Erprobung des Materials der Stäbe 80 und 81.

Die Ergebnisse der Zugversuche mit den sechs Materialproben zeigen Tab. 12 und 13.

Die Proportionalitätsgrenze des Materials der Stäbe 80 und 81 ist nach den Dehnungswerten Tab. 13 nicht scharf ausgeprägt; die Dehnungsstufen bei den einzelnen Laststufen von 500 kg schwanken. Nach den Mittelwerten dürfte man indessen nicht sehr fehlgehen, wenn man die Proportionalitätsgrenze bei 4500 kg annimmt, entsprechend der Spannung $\sigma_P = 1430$ kg/qcm. Bleibende Dehnungen zeigten sich schon nach 1000 kg Belastung. Sie waren hier nur gering, bei 5000 kg dagegen schon recht beträchtlich und zwar nahmen sie beim wiederholten Beanspruchen der Stäbe mit dieser Belastung zu und wurden erst nach mehrmaligem Lastwechsel konstant.

Im übrigen ist das Material nach der guten Übereinstimmung der Einzelwerte für die je drei Proben 1—3 bzw. 4—6 aus demselben Stabe (s. Tab. 12) als außerordentlich gleichmäßig zu bezeichnen und auch die Mittelwerte für beide Stäbe stimmen gut überein.

2. Prüfung des Stabes 80 auf der 100-t-Werder-Maschine.

Die Prüfung auf der Werder-Maschine zur Bestimmung der Dehnungszahl bis 100 t Belastung mußte auf den Stab 80 beschränkt bleiben. Ausgeführt sind fünf Versuchsreihen unter gleichzeitiger Beobachtung der Dehnungen für alle vier Meßstellen A bis D (Fig. 46) auf 250 mm Meßlänge. Die Beobachtungen sind in Tab. 14 für die diametral gegenüberliegenden Meßstellen A und C sowie B und D zunächst getrennt zu Mittelwerten zusammengefaßt und außerdem sind die Gesamtmittel λ_m für alle Beobachtungen bei der gleichen Laststufe gebildet. In der nächstfolgenden Reihe der Tabelle sind die prozentualen Fehler in der Kraftanzeige der Werder-Maschine angegeben, die sich bei deren Eichung mittels der Kontrollstäbe des Amtes ergeben hatten. Dann folgen die um diese Fehlerbeträge richtiggestellten Dehnungswerte λ_m' und die aus letzteren sich ergebenden Werte des Dehnungssolls λ_s für 1 t Belastung $(\lambda_s = \lambda_m'/P)$. Diese Werte nehmen mit wachsendem P ab.

Daß diese Abnahme tatsächlich besteht, ist unwahrscheinlich. Ihre Beobachtung dürfte darauf zurückzuführen sein, daß der Fehler der Kraftanzeige bei Eichung der Maschine mit den verfügbaren Hilfsmitteln auch nur auf höchstens 0,5% genau bestimmt werden konnte.

Der Mittelwert für λ_s beträgt $10,36 \cdot \dfrac{1}{200\,000}$ cm, er weicht von den Einzelwerten in keinem Falle um mehr als 0,4% ab. Dies berechtigt zu der Annahme, daß bei Benutzung dieses Wertes für die weiteren Berechnungen deren Fehler höchstens 1 bis 1,5% beträgt. Eine größere Genauigkeit dürfte aber von der Eichung einer 3000-t-Maschine nicht zu fordern sein, so daß der Stab 80 bis 100 t Belastung als Kontrollstab zur Untersuchung der Kraftanzeige der 3000-t-Maschine benutzt werden konnte.

Der Elastizitätsmodul des Materials berechnet sich mit dem Dehnungswert von $\lambda_s = 10,36 \cdot \dfrac{1}{200\,000}$ für 1 t Belastung auf 25 cm Meßlänge zu:

$$E = \frac{P \cdot l}{f \cdot \lambda_s} = \frac{1000 \cdot 25 \cdot 200\,000}{227 \cdot 10,36} = 2\,126\,100 \text{ kg/qcm.}$$

An den Zerreißproben (s. Tab. 12) war er zu 2 091 200 kg/qcm ermittelt. Der Unterschied zwischen beiden Werten beträgt 2 126 100 — 2 091 200 = 34 900 kg/qcm oder 1,6%. Also auch hiernach erscheint die Eichung der Maschine mit dem Wert 10,36 bis auf 1,6% genau möglich, zumal wenn man beachtet, daß die Zerreißproben dem geschmiedeten Block außerhalb desjenigen Teiles entnommen sind, den der

Querschnitt des Stabes 80 umfaßt. Es erscheint nicht ausgeschlossen, daß die beobachteten Unterschiede der beiden Elastizitätsmodule wenigstens zum Teil auch hierauf zurückzuführen ist. Für den Stab 80 ist der durch direkte Prüfung auf der Werder-Maschine gewonnene Wert als der zuverlässigere erachtet und den späteren Berechnungen zugrunde gelegt.

3. Die Versuche auf der 500-t-Maschine.

Bei der 500-t-Maschine erfolgt die Bestimmung der Kraftleistung P wie bei der 3000-t-Maschine durch Berechnung des Produktes aus dem im Arbeitszylinder herrschenden Wasserdruck $\times$ Kolbenfläche, vermindert um die Leergangsreibung ($P = p \cdot F - R$).

Die zur Bestimmung des Druckes p benutzten Manometer 104 und 125 sind in Grade geteilt. Die Beziehungen zwischen den Drucken in Atmosphären und den Ablesungen in Graden sind durch Prüfung der Manometer auf der Druckwage von Stückrath in vier Versuchsreihen ermittelt. Die Ergebnisse enthält Tab. 15. Aus ihnen berechnen sich die Drucke in Atmosphären für die bei Prüfung der Stäbe 80 und 81 angewendeten und in Graden abgelesenen Druckstufen wie folgt:

Druckstufen	80 mit	in Graden	20	40	60	80	100	120	140	160
bei Prüfung	Manom. 104	in at	26,08	51,52	76,83	102,69	128,66	154,75	181,29	208,13
des	81 mit	in Graden	20	40	60	80	100	120	140	160
Stabes	Manom. 125	in at	26,04	51,48	76,79	102,50	128,62	154,71	181,34	208,09

Der Querschnitt F des Arbeitskolbens beträgt 1385 qcm. Die Leergangsreibung R ist vor Beginn der einzelnen Belastungsreihen jedesmal besonders ermittelt und bei Bestimmung von P mit dem jeweilig ermittelten Wert in Rechnung gestellt.

a) Prüfung des Stabes 80 mit Querschnitt $f = 227$ qcm.

Die Prüfung, deren Ergebnisse nachstehend besprochen sind, erfolgte bei zwei verschiedenen Stellungen des Kolbens im Arbeitszylinder der Maschine und zwar betrug die Länge L des aus dem Zylinder herausragenden Teiles des Kolbens bei Reihe I: 25,5 cm, bei Reihe II: 88,3 cm. Der Gesamthub des Kolbens beträgt 140 cm.

Für die angewendeten Laststufen p (Druckstufen) berechnen sich die Werte von $P = p \cdot F - R$ wie folgt:

Druckstufe in Graden	20	40	60	80	100	120	140	160
P bei Reihe I in t	34,91	70,14	105,19	141,00	176,98	213,11	249,86	287,04
P „ „ II „ t	34,85	70,08	105,13	140,94	176,92	213,05	249,80	286,98

Die Dehnungen λ des Stabes 80 sind bei beiden Reihen für alle vier Meßstrecken A bis D (s. Fig. 46) auf 25 cm Meßlänge beobachtet und die Belastung ist bei jeder Reihe fünfmal wiederholt. Die Beobachtungswerte sind in Tab. 16 zusammengestellt. Ihnen sind angefügt:

1. die aus den Dehnungen λ berechneten Zugkräfte $P_1 = \dfrac{\lambda}{l} f \cdot E$, wobei für E

der bei den Versuchen auf der Werder-Maschine ermittelte Wert $E = 2\,126\,100$ eingesetzt ist unter der Annahme, daß die Proportionalitätsgrenze die nach Tab. 12 für das Material bei 1430 kg/qcm liegt, bei der angewendeten Höchstlast von etwa 290 t = 1280 kg/qcm noch nicht überschritten wurde;

2. die Werte von P, wie sie für die einzelnen Druckstufen vorstehend gegeben sind;

3. die Unterschiede zwischen P und P_1:

$$\text{a) in} \quad t = P - P_1$$

$$\text{b) in} \; \% = \frac{P - P_1}{P_1} \cdot 100 \,.$$

Die zu 3 b) gehörigen Werte sind in Fig. 48 zu Schaulinien aufgetragen. Aus ihrem Verlauf ergibt sich, daß die Unterschiede zwischen den aus den Wasserdrucken und ·den Festwerten[1]) der Maschine berechneten Belastungen P und den aus den Stabdehnungen berechneten Belastungen P_1 mit dem Anwachsen der Belastungen bei beiden Reihen I und II mit verschiedenem Kolbenstand L den gleichen Verlauf nehmen, und zwar derart, daß diese Unterschiede bei 70 t den höchsten positiven Wert erreichen und von da ab stetig abnehmen, um schließlich in negative Werte überzugehen. Dieser Verlauf ist wegen· der bereits erwähnten Übereinstimmung in beiden Reihen als gesetzmäßig anzusehen; zu seiner Erklärung sei folgendes angeführt.

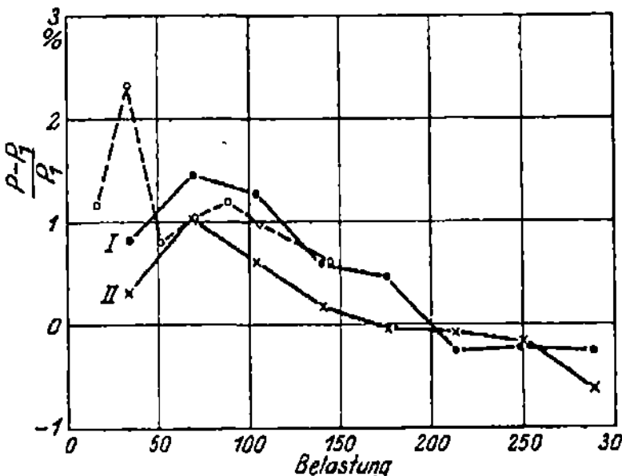

Fig. 48. Unterschiede in % zwischen der Kraftanzeige P, berechnet aus dem Wasserdruck, und der Zugkraft P_1, berechnet aus der Dehnung der Stäbe 80 und 81 auf der 500-t-Maschine.
Länge L des aus dem Zylinder hervorragenden Kolbens. $L\,\mathrm{I} = 25{,}5$ cm; $L\,\mathrm{II} = 88{,}3$ cm.
—— Stab 80; - - - - Stab 81.

Beiden Berechnungen, sowohl der Werte von P als auch derjenigen von P_1, können Fehler anhaften, deren Größe aus den vorliegenden Beobachtungen nicht zu bestimmen ist. Der Fehler in der Berechnung von P kann darin beruhen, daß der Reibungsverlust R sich mit wachsender Belastung ändert, während er bei der Berechnung als unveränderlich angenommen werden mußte. Das Wahrscheinlichere ist, daß R zunimmt; dann sind aber die Werte für P zu groß ermittelt. Hieraus würde folgen, daß die positiven Werte für $P - P_1$ bis zu 140 t bei Reihe II und bis zu 176 t bei Reihe I zu groß und die negativen Werte zu klein ermittelt sind und daß daher die beiden Schaulinien nach unten verschoben werden müssen. Der Fehler in der Berechnung von P_1 kann darin beruhen, daß die Dehnung des Stabes nicht, wie bei der Berechnung angenommen ist, bis zu 280 t der Belastung proportional ist, sondern daß der Stab bei höheren Belastungen sich stärker dehnte, als der Dehnungszahl $\dfrac{1}{\alpha} = E = 2\,126\,100$ entspricht, die als Festwert in die Berechnungen von P_1 eingeführt ist. Trifft es aber zu, daß die Proportionalitätsgrenze des Stabes tatsächlich unterhalb 280 t liegt oder· die Dehnung der Belastung überhaupt nicht streng proportional ist, so würden die Werte für P_1 zu groß bestimmt sein, und zwar besonders diejenigen bei höheren Belastungen. Die richtigen Werte von P_1 würden dann denen von P näherkommen, ·d. h. die Neigung der Schaulinien Fig. 48 würde abnehmen.

---

[1]) Auch die Größe der Reibungsverluste R ist bei der Berechnung als Festwert angenommen.

Da nun keine bestimmte Grundlage gegeben ist, auf welcher die Bestimmung der erwähnten Fehler aufgebaut werden könnte, so gestattet die Verwendung des Stabes 80 als Kontrollstab bei Prüfung der 3000-t-Maschine auf die Richtigkeit ihrer Kraftanzeige nur, festzustellen, inwieweit diese Kraftanzeige von derjenigen der Werder-Maschine und der 500-t-Maschine abweicht.

b) Prüfung des Stabes 81 mit Querschnitt $f = 113$ qcm auf der 500-t-Maschine.

Der Wasserdruck im Arbeitszylinder der Maschine mit dem Kolbenquerschnitt $F = 1385$ qcm wurde mit dem in Grade geteilten Manometer 125 beobachtet. Für die einzelnen Laststufen (Druckstufen) berechnen sich die Werte für die Zugkräfte $P = p \cdot F - R$ mit $R = 1,29$ t wie folgt:

Druckstufe in Graden . . .	20	40	60	80	100	120	140	160
Zugkraft P in t	16,53	34,46	52,15	70,18	88,40	106,88	125,40	143,99

Für die Beobachtung der Dehnung des Stabes gilt das zu Stab 80 Gesagte. Die Ergebnisse sind aus Tab. 17 zu ersehen. Ihnen sind wieder angefügt:

1. die aus den Dehnungen berechneten Zugkräfte $P_1 = \frac{\lambda}{l} f \cdot E$. Für E ist auch hier der bei Prüfung des Stabes 80 auf der Werder-Maschine ermittelte Wert $E = 2\,126\,200$ eingesetzt. Da der Stab 81 selbst auf der Werder-Maschine nicht geprüft worden ist, mußte dieser Wert für E als der zuverlässigste angesehen werden. Hierbei ist wieder angenommen, daß die Proportionalitätsgrenze des Stabes, die nach Tab. 13 für das Material bei 1430 kg/qcm ermittelt ist, bei der angewendeten Höchstlast von etwa 144 t $= 1270$ kg/qcm noch nicht überschritten ist;

2. die Werte von P, wie sie vorstehend angegeben sind und

3. die Unterschiede zwischen P_1 und P in t sowie in % von P_1.

Die letztgenannten Werte sind in Fig. 48 mit eingetragen. Aus dem Verlauf der erhaltenen Schaulinie ersieht man, daß, abgesehen von dem auffallend hohen Wert bei 33,68 t, der Unterschied zwischen P und P_1 mit wachsender Belastung ganz ähnlich verläuft wie bei dem Stabe 80.

Bei beiden Stäben nimmt der Unterschied, also der Fehler der Kraftbestimmung nach der Gleichung $P = p \cdot F - R$ mit $R = 1,29$ t, mit wachsender Belastung ab. Bis zu etwa 100 t ist er etwas größer als 1%, bei höheren Belastungen aber kleiner als 1% gefunden. Zu dem gleichen Ergebnis haben auch die Versuche mit anderen Kontrollstäben geführt. Es erscheint daher zulässig, den Festwert E beider Stäbe mit $E = 2\,126\,100$ in Rechnung zu stellen.

4. Versuche auf der 3000-t-Maschine.

Der Wasserdruck im Zylinder der Maschine ist an den Manometern 211 und 951 beobachtet. Beide sind in Grade geteilt. Die Beziehungen zwischen Graden und Atmosphärendruck sind für das Manometer 211 nach dem Vergleich mit dem Kontrollmanometer 643 des Amtes und für das Manometer 951 nach der Prüfung auf der Druckwage von Stückrath aus Tab. 11 zu ersehen. Nach ihnen sind zunächst die Drucke p in at ermittelt, die den bei Prüfung der Stäbe 80 und 81 angewendeten, in Graden abgelesenen Druckstufen entsprechen, und dann nach der Gleichung $P = p \cdot F - R$ die Belastungen P berechnet. Der Kolbenquerschnitt F der 3000-t-Maschine ist $= 7918$ qcm. Die Leergangsreibung R ist wiederholt vor und nach den einzelnen Versuchsreihen beobachtet und im Mittel zu $R = 4670$ kg festgestellt.

a) Versuche mit dem Stabe 80.

Die Dehnungen des Stabes sind auch hier wieder wie auf der 500-t-Maschine (s. S. 39) gleichzeitig für die vier Meßstellen A bis D beobachtet. Die Versuchsergebnisse sind in Tab. 18 zusammengestellt und aus den Gesamt-Mittelwerten sind die Belastungen P_1 berechnet, die der Probestab bei den einzelnen Laststufen erfahren hatte. Die Berechnung erfolgte wieder nach der Formel $P_1 = E \cdot \dfrac{\lambda}{l} \cdot f$, in der E gleich dem bei Prüfung des Stabes 80 auf die Werder-Maschine ermittelten Elastizitätsmodul $E = 2\,126\,100$ kg/qcm (s. S. 38) gesetzt wurde. Den so erhaltenen Werten sind die Belastungen P gegenübergestellt, die sich nach der Formel $P = p \cdot F - R$ ergaben.

Aus den Endwerten der Tab. 18, den prozentuellen Unterschieden zwischen den Werten, berechnet aus Kolbenfläche und Wasserdruck, und den Werten P_1, berechnet aus den Stabdehnungen, die in Fig. 49 zu Schaulinien aufgetragen sind, folgt, daß die Berechnung von P mit dem Festwert $R = 4670$ kg bei kleinen Belastungen zu geringe Werte lieferte. Von 70 t ab bis hinauf zu 275 t waren die Unterschiede zwischen P und P_1 nach der gestrichelten Ausgleichslinie kleiner als 1%. Hiernach hat sich also die Kraftleistung der Maschine bei Prüfung des Stabes 80 aus dem beobachteten Druck im Arbeitszylinder zwischen 70 und 275 t mit hinreichender Genauigkeit berechnen lassen.

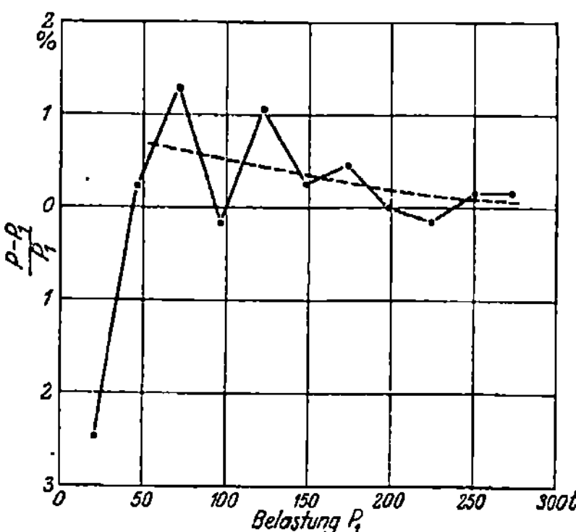

Fig. 49. Unterschiede in % zwischen der Kraftanzeige P, berechnet aus dem Wasserdruck, und der Zugkraft P_1, berechnet aus der Dehnung des Stabes 80 (s. Tab. 18).

Gleichzeitig mit den Dehnungen des Probestabes 80 sind auch die Stauchungen der Maschinenspindeln a, Fig. 1, gemessen, die den Kraftschluß zwischen dem festen Widerlager (Querhaupt) der Maschine und dem Kolben des Arbeitszylinders bilden. Diese Messungen bezweckten, festzustellen, ob etwa die Stauchungen der Spindeln als Kontrolle der Kraftleistung dienen können; sie erstreckten sich bei jeder Spindel auf zwei diametral gegenüberliegende Meßstrecken von 60 cm Länge. Aus den Ergebnissen (s. Tab. 19) folgt:

1. Die erste Belastungsreihe lieferte wesentlich größere Stauchungen beider Spindeln als die folgenden;

2. auch bei den Reihen 2 bis 5 waren die Stauchungen für gleiche Belastungen sehr schwankend;

3. mit einer einzigen Ausnahme (obere Spindel Reihe 2) ergaben sich nach dem Entlasten des Zugstabes an den Spindeln Ablesungsreste im Sinne bleibender Stauchung;

4. bei Reihe 1 erfuhr die obere Spindel, bei allen anderen Reihen die untere Spindel die stärkere Stauchung;

5. in der Summe der Stauchungen beider Spindeln sind die Unregelmäßigkeiten der Einzelwerte nicht ausgeglichen.

Zum Teil können diese Unregelmäßigkeiten in den Beobachtungen für die Stauchungen der Spindeln durch die Schwankungen der Luftwärme im Versuchsraum und durch die damit verbundenen Wärmedehnungen sowohl der Spindeln selbst als auch der messenden Teile der Spiegelapparate herbeigeführt sein, zumal diese Schwankungen häufig derart groß waren, daß sie sich als Zugluft bemerkbar machten. Die Beobachtungen unter 1. und 4. weisen aber darauf hin, daß auch andere Einflüsse hier mit im Spiel waren.

In erster Linie dürfte folgender Umstand mitgewirkt haben. Beim Zugversuch ist der Kolben K des Arbeitszylinders Z (s. Fig. 50) durch sein Querhaupt Q mit den beiden Spindeln a durch die Muttern m fest verbunden, während der Zylinder Z in der Richtung der Zugkraft sich gegen die Spindeln nach links verschieben kann. Alle Teile ruhen verschiebbar auf dem Grundrahmen der Maschine. Je nach dem größeren Reibungswiderstand wird also beim Versuch entweder (Fall I): der Kol-

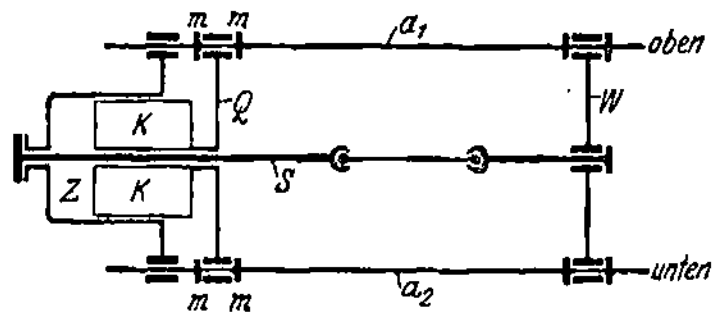

Fig. 50. Schema der 3000-t-Maschine.

ben K mit seinem Querhaupt Q liegenbleiben und der Zylinder Z entsprechend der Dehnung des Stabes und seiner Einspannteile sowie um die Stauchung der Spindeln a nach links sich bewegen; der Stauchung der Spindeln folgt dann auch das rechte Widerlager W, oder (Fall II): der Zylinder wird in seiner ursprünglichen Lage verharren und nun der Kolben K und die mit ihm verbundenen Teile (Spindeln a und Widerlager W) sich nach rechts bewegen.

Im Falle I erfolgt die Beanspruchung (Stauchung) der beiden Spindeln dadurch, daß das Widerlager W unter der Zugkraft des Probestabes nach dem Kolben hin, d. h. nach links bewegt wird. Der Kraftangriff liegt etwa 1610 mm oberhalb der Stützfläche des Widerlagers auf dem Grundrahmen und daher erzeugt der Reibungswiderstand ein Kippmoment, das Querhaupt neigt sich oben nach links. Dann erfährt aber die obere Spindel a größere Belastung als die untere (s. Fig. 3) und tatsächlich zeigen die Beobachtungen, daß die obere Spindel a_1 (Fig. 50) beim erstmaligen Belasten größere Stauchung erlitt als die untere a_2. Bei höheren Belastungen war der Unterschied in den Stauchungen beider Spindeln beim Versuch nahezu ausgeglichen, ein Beweis, daß das Querhaupt sich nun um das Maß der Stauchung auf dem Grundrahmen verschoben und sich wieder aufgerichtet hatte. Im Falle II ist die Spindel a_1 ebenfalls mehr gestaucht, indem sie einen größeren Verschiebungswiderstand des Widerlagers W nach rechts zu überwinden hat als die Spindel a_2.

Beim Entlasten sind folgende Fälle zu unterscheiden. Durch den elastischen Zug des Probestabes wird entweder a) der Zylinder Z nach rechts gezogen oder b) das Widerlager W, die Spindeln a und der Kolben K nach links geschoben, der Kolben in den Zylinder hinein. In beiden Fällen wird aber zugleich durch die Rückwirkung der elastischen Stauchung der Spindeln die Wiederherstellung des ursprünglichen Abstandes zwischen dem Widerlager W und dem Querhaupt Q des Kolbens angestrebt. Hierbei müssen die Spindeln wenigstens einen dieser beiden Teile (W oder Q) auf dem

Grundwerk der Maschine verschieben. Bei der Verschiebung des Widerlagers W kommt in Frage, daß der Verschiebungswiderstand auf der Seite der oberen Spindel (a_1) wegen der unsymetrischen Form und des größeren Gewichtes des Widerlagers W auf dieser Seite größer ist als auf der Seite der unteren Spindel a_2. Infolgedessen besteht die Neigung, daß das Widerlager sich bei a_2 mehr nach links verschiebt als bei a_1. Hiermit würde sich auch die größere bleibende Stauchung der oberen Spindel nach dem ersten Entlasten erklären lassen. Bei den weiteren Wiederholungen der Belastungen kommen der oberen Spindel a_1 die in ihm zurückgebliebenen Stauchungen gleichsam zugute, so daß diese Spindel nun geringere Stauchungen erleidet als die untere a_2. Die Änderung der bleibenden elastischen Stauchungen bei dem späteren wiederholten Entlasten dürfte von Zufälligkeiten abhängen besonders auch von der Geschwindigkeit des Entlastens.

Jedenfalls zeigen die Beobachtungen, daß die Messung der Spindelstauchungen nicht geeignet ist, als Kontrolle der Kraftäußerung der Maschine zu dienen.

b) Versuche mit dem Stabe 81.

Die an dem Stabe 81 für die vier Meßstellen A bis D (Fig. 47) auf 25 cm Meßlänge beobachteten Dehnungen sind aus Tab. 20 und 21 zu ersehen. Bei den Versuchen zu Tab. 20 ist der jeweilige Druck im Arbeitszylinder mit dem Manometer 211, bei den Versuchen zu Tab. 21 mit dem Manometer 951 beobachtet. Bei Berechnung der von dem Probestab aufgenommenen Zugkräfte P_1 nach der Formel $P_1 = E \frac{\lambda}{l} f$ ist der Elastizitätsmodul auch hier gleich 2126 100 in Ansatz gebracht.

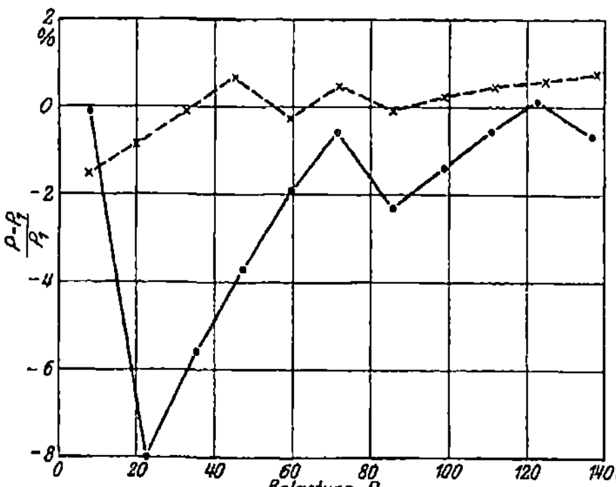

Fig. 51. Unterschiede in % zwischen der Kraftanzeige P, berechnet aus dem Wasserdruck p, und der Zugkraft P_1, berechnet aus der Dehnung des Stabes 81 (s. Tab. 20 u. 21).

———— Wasserdruck p beobachtet mit dem Manometer 211 (Tab. 20).

· · · · „ p „ „ „ „ 951 (Tab. 21).

Die Unterschiede in Prozenten zwischen den Kraftanzeigen P und den vom Stab aufgenommenen Zugkräften P_1 sind in Fig. 51 durch Schaulinien dargestellt. Aus letzteren ergibt sich, daß diese Unterschiede bei beiden Reihen mit wachsender Belastung abnahmen. Bei der zuerst ausgeführten Reihe, zu der der Wasserdruck im Arbeitszylinder mit dem Manometer 211 beobachtet ist (Tab. 20), betrug der Unterschied bei 21 t: -8%, während er bei der zweiten Reihe (Tab. 21) nur bei 8 t Belastung -1% überschritt. Beide Reihen lassen aber in Übereinstimmung mit den Versuchen am Stabe 80 (s. Fig. 49) erkennen, daß die Lastanzeige von etwa 70 t Belastung ab als hinreichend genau angesehen werden kann.

Gleichzeitig mit den Dehnungen des Probestabes 81 sind wieder die Stauchungen der beiden Spindeln der Maschine beobachtet und außerdem auch noch die Dehnungen der Zugstange S (s. Fig. 50), durch welche der Probestab mit dem hydraulischen Zylinder Z verbunden ist, die also die gleiche Belastung aufzunehmen hat wie der Probestab.

Die Ergebnisse der Spindelmessungen enthält Tab. 22. Sie stimmen für die beiden Spindeln hier wesentlich besser überein als bei den Versuchen mit dem Stabe 80. Die aus den mittleren Stauchungen und dem aus Tab. 23 ersichtlichen Elastizitätsmodul des Materials $E = 2078\,250$ berechneten Belastungen weichen aber so stark von den Kraftanzeigen der Maschine ab, daß auch aus diesen Versuchen gefolgert werden muß, daß die Formänderungen der Spindeln nicht zur Kontrolle der Kraftanzeige benutzt werden können.

Die Dehnungen der Zugstange S der Maschine sind auf 40 cm Meßlänge ermittelt. Die Meßstelle lag nahe am Ende der Stange gleich hinter der Anschlußklaue für das Versuchsstück. Die erzielten Ergebnisse zeigt Tab. 24. Bei Berechnung der von der Zugstange aufgenommenen Belastungen $P_1 = E\,\dfrac{\lambda}{l}\,f$ ist $E = 2\,090\,500$ gesetzt nach Maßgabe des an den Materialproben aus dieser Stange ermittelten Wertes (s. Tab. 23) und für den Querschnitt f der aus Umfangmessungen erhaltene Wert $f = 1388$ qcm. Die erhaltenen Belastungswerte P_1 (Tab. 24) weichen von der Kraftanzeige P bei keiner Laststufe über 2% ab; im allgemeinen sind die Unterschiede vielmehr so gering, daß es Erfolg verspricht, wenn die Dehnungen des Zugstabes S der Maschine zur dauernden Kontrolle der Kraftanzeige der Maschine beobachtet werden. Die vorliegenden Beobachtungen reichen nur bis etwa 139 t; die Unterschiede zwischen P und P_1 scheinen aber über 70 t mit wachsender Belastung zuzunehmen. Daher ist es zunächst erforderlich, die Dehnungsmessungen an der Zugstange auf höhere Belastungen auszudehnen, bevor die erwähnte Art der Kontrolle als maßgebend eingeführt werden kann.

c) Vergleich der Stabfestigkeiten mit den Materialfestigkeiten.

Die Streckgrenze des Stabes 81 wurde bei 287,5 t beobachtet, die Bruchbelastungen der beiden Stäbe 80 und 81 betrugen 1014,6 und 485,2 t. Diesen Belastungen entsprechen bei den Stabquerschnitten von 227 und 113 qcm folgende Spannungen σ_S für die Streckgrenze und σ_B für den Bruch:

$$\text{beim Stabe 80:}\ \sigma_S = \ \text{---}\ \text{kg/qcm},\ \sigma_B = 4470\ \text{kg/qcm}$$
$$\text{beim Stabe 81:}\ \sigma_S = 2540\ \text{kg/qcm},\ \sigma_B = 4300\ \text{kg/qcm}.$$

Diesen Werten stehen gegenüber nach Tab. 12 folgende Werte für das Material der Stäbe:

$$\text{beim Stabe 80:}\ \sigma_S = 2470\ \text{kg/qcm},\ \sigma_B = 4370\ \text{kg/qcm}$$
$$\text{beim Stabe 81:}\ \sigma_S = 2530\ \text{kg/qcm},\ \sigma_B = 4370\ \text{kg/qcm}.$$

Die zusammengehörigen Werte stimmen also außerordentlich gut, nahezu vollkommen überein.

Beide Stäbe rissen annähernd in der Mitte. Das Bruchaussehen zeigen die Lichtbilder Fig. 52 und 53 a und b. Stab 80 (Fig. 52) brach senkrecht zur Achse; die Bruchfläche ist im Kern mattgrau feinschuppig und im übrigen, bis auf einen schmalen Rand mit dem Aussehen von Schubflächen, feinkörnig mit stark ausgeprägten radialen Bruchlinien. Die Entstehung des matten Kernes führe ich darauf zurück, daß der Bruch unter Erschöpfung der Dehnbarkeit des Materials im Kern begann

und von hier aus nach außen fortschritt. Hierauf deuten auch die erwähnten Bruchlinien hin. Die gleiche Erscheinung fand ich bei Zugversuchen mit Stäben verschiedener Länge[1]). Proben aus derselben Stange Flußeisen zeigten, wenn sie ringsum scharf
eingekerbt waren, so daß sie keine nennenswerte Dehnung erfuhren, körnigen Bruch
mit schmalem matten Rande; schon bei 10 mm Stablänge war die Bruchfläche infolge Streckung des Kornes feinschuppig matt; wurden aber die Stäbe nicht scharf
eingekerbt, sondern mit Hohlkehle versehen, so glich das Bruchaussehen dem des
Stabes 80 (Fig. 52).

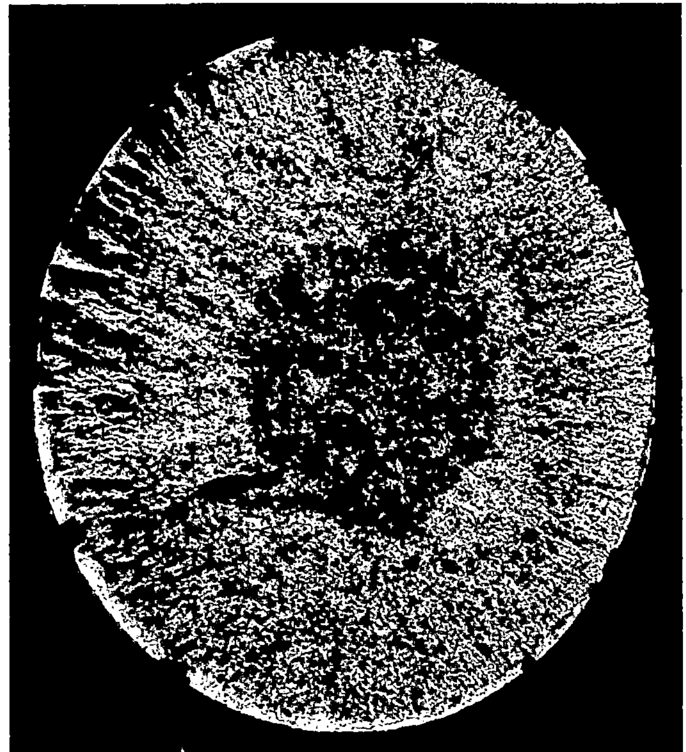

Fig. 52. Bruchfläche des Stabes 80.

Stab 81 brach mit ausgeprägter Trichterbildung, wie besonders die Seitenansicht
Fig. 53b deutlich erkennen läßt. Die an dem nahezu ebenen Kern anschließenden
Trichterflächen waren durch tiefe Bruchlinien stark zerklüftet.

d) Das Verhalten der Wasserdruckbremsen p, Fig. 1 und 2.

Der Bruch der beiden Stäbe 80 und 81 erfolgte bei 946,1 und 454 t Belastung[2])
unter heftigem Schlage. Die Ventile an den beiden Bremszylindern p Fig. 1 und 2
standen tunlichst weit offen.

---

[1]) Rudeloff: „Beitrag zum Studium des Bruchaussehens zerrissener Stäbe." Baumaterialien-
kunde Bd. 4, S. 85.

[2]) Zerreißlast im Augenblick des Bruches.

Um die Bewegungen der Spindeln in Richtung ihrer Achsen unter dem Rückstoß beim Bruch der Probestäbe festzustellen, wurden ihre Verschiebungen gegen die drei Stützböcke festgestellt, in denen die Spindeln auf Rollen ruhen. Hierzu waren an den Spindeln feste Zeiger und darunter an den Böcken Maßstäbe angebracht, an denen die Bewegungen in 0,1 mm abgelassen werden konnten. Beobachtet sind bei Prüfung

	80 (946,1 t)		81 (454 t)	
des Stabes (Zerreißlast)				
an der Spindel	oben	unten	oben	unten
Bewegungen ⌠ am Bremszylinder	5,8	6,3	5,2	4,6
in mm ⟨ in der Mitte . . . . ·	5,1	5,8	5,4	4,6
gegen den Bock ⌡ am festen Widerlager . . .	5,9	6,2	4,7	4,9
Mittlere Bewegung in mm	5,6	6,1	5,1	4,7

a) Draufsicht.b) Seitenansicht.

Fig. 53. Bruchfläche des Stabes 81.

. Die größere Zerreißlast hatte hiernach auch die größere Bewegung der Spindeln im Gefolge; dabei war bei Prüfung des Stabes 80 die Bewegung der unteren Spindel, bei Prüfung des Stabes 81 die Bewegung der oberen Spindel die größere.

Auf die Bremszylinder äußerte sich der Rückstoß bei Prüfung des Stabes 81 wie folgt. Im oberen Bremszylinder stieg der Druck auf 10 at, in dem unteren auf 2,5 at. Das Wasser spritzte weit heraus; irgendwelche Schäden an den Bremsvorrichtungen traten nicht ein. Zu bemerken bleibt, daß die Drucke in den Bremszylindern tatsächlich etwas höher gewesen sein können, als an den Manometern beobachtet worden ist, weil die Leitungen zu den letzteren ziemlich eng sind, so daß es nicht ausgeschlossen ist, daß die Manometeranzeige bei dem kurzen Stoß nicht auf den vollen Druck anstieg, indem das Druckwasser durch die weit offen stehenden Ventile mit geringerem Widerstande austreten konnte, als der Widerstand war, den das Wasser in den engen Leitungen zu den Manometern fand.

C. Prüfung des Zugstabes 70.

1. Der Aufbau des Stabes.

Der Stab (Fig. 54) besteht im wesentlichen aus vier Stegblechen von 510 mm
Breite und 15 mm Dicke, die nach Fig. 55 mit 190 mm lichtem Abstande (s. a. Fig. 58)
paarweise angeordnet und außen mit vier Winkel, 100 · 100 · 12 mm, gesäumt sind;
durch je vier obere und untere Bindebleche *a* bis *d* (Fig. 54) von 12 mm Dicke werden
sie in ihrem Abstande gehalten. Die Länge der Bindebleche *a* und *d* beträgt 280 mm,

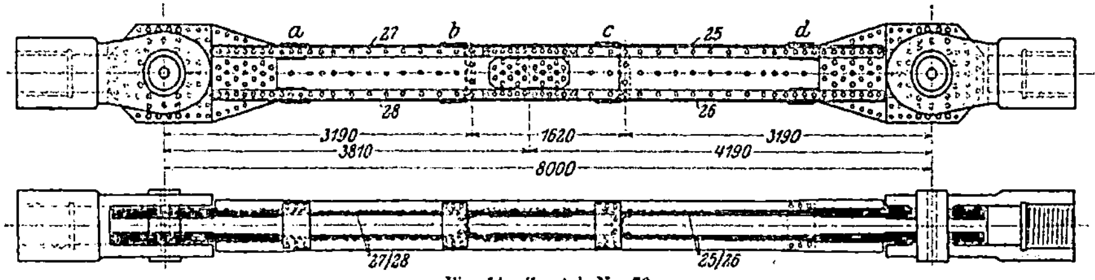

Fig. 54. Zugstab Nr. 70.

Stabkraft = 302 t,   Bruttofläche = 896,8 qcm,   Nettofläche = 806,32 qcm,   Beanspruchung = 985 kg/qcm.

die der beiden anderen 260 mm. Die Stablänge zwischen den Außenkanten der
Bindebleche *a* und *d* beträgt 5560 mm. Außerhalb davon sind die Stabenden auf
900 mm verbreitert (Fig. 54) und jeder der beiden Stege ist durch beiderseits bei-
gelegte Anschlußbleche von 15 und 10 mm Dicke verstärkt. Die Einspannung der
Stabenden in die Zerreißmaschine erfolgte durch Bolzen von 320 mm Durchmesser;
ihr Achsabstand, die Systemlänge des Stabes, betrug 8000 mm. Zwischen den beiden

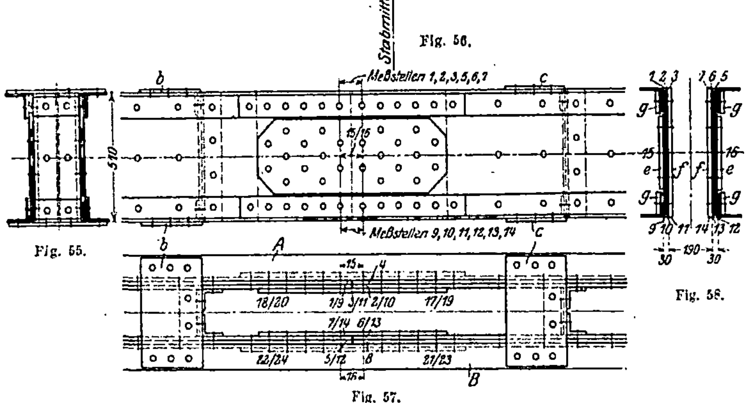

Fig. 55.   Fig. 56.   Fig. 57.   Fig. 58.

mittleren Bindeblechen *b* und *c* ist der Stab gestoßen (s. Fig. 56 bis 58). Der Stoß
wird gebildet (s. Fig. 58) durch die beiden äußeren und inneren Stoßlaschen *e* und *f*
und die vier Stoßlaschen *g* für die Gurtwinkel.

Unter den Bindeblechen *b* und *c* sind Querschotte angeordnet (s. Fig. 56 u. 57),
bestehend aus einem 10 mm dicken Blech, das einseitig durch zwei Winkel (90 · 90 · 10)
an die Stegbleche und auf der anderen Seite durch je einen ebensolchen Winkel an die
beiden Bindebleche angeschlossen sind.

2. Gegenstand der Beobachtung.

Die Zugbelastung wurde in den aus Tab. 25 ersichtlichen Stufen gesteigert, beginnend mit 18,23 t als Mullbelastung für die Bestimmung der Formänderungen. Bei jeder Stufe wurde unter jedesmaliger Beobachtung der gesamten und bleibenden Formänderungen zweimal auf 18,23 t entlastet, die Belastung bei dieser Stufe zum drittenmal angehoben, die Formänderungen nochmals abgelesen und dann erst die nächsthöhere Laststufe aufgebracht.

Zur Kontrolle der aus dem Wasserdruck und der Kolbenfläche berechneten Belastungen sind die Dehnungen der Zugstange S der Maschine (s. Fig. 50) beobachtet und auch hieraus wie bei Tab. 24 die Belastungen berechnet.

An Formänderungen sind beobachtet:

1. Längenänderungen innerhalb des Stoßes. Die Meßlängen betrugen 100 mm; sie lagen symmetrisch zur Stoßfuge und entsprachen somit dem Achsenabstande (Teilung) der neben der Stoßfuge gelegenen beiden Nietreihen.

   Hierbei lagen, wie aus Fig. 56 bis 59 ersichtlich ist:
   a) die Meßstellen 1, 2, 5, 6, 9, 10, 12 und 13 auf den Rändern der Stegbleche; die Beobachtungen umfassen somit auch die Erweiterung der Stoßfugen;
   b) die Meßstellen 3, 7, 11 und 14 auf den Rändern der inneren Laschen und
   c) die Meßstellen 15 und 16 in halber Höhe der Stege auf den Außenflächen der äußeren Laschen.

   Alle Beobachtungen sind mit Martensschen Spiegelapparaten ausgeführt. Da die Apparate für dieselbe Meßstrecke nicht, wie sonst üblich, paarweise, sondern nur einzeln angebracht werden konnten, so war es erforderlich, die Beobachtungen entsprechend den Kippbewegungen der Spiegel richtigzustellen, die durch Änderungen der Stablage veranlaßt wurden. Zur Beobachtung der letzteren dienten die auf den äußeren Stegblechen bei 4 und 8 (s. Fig. 57) angebrachten (feststehenden) Spiegel (s. a. Fig. 59).

2. die Verschiebungen der Stegbleche gegen die inneren Stoßlaschen, und zwar an deren beiden Enden in den durch die Mittelebenen der äußersten Nietreihen gegebenen Querschnitten (s. die Meßstellen 17—24, Fig. 57). Die Messungen erfolgten in $^1/_{500}$ mm mit den auch schon früher[1]) angewendeten Zeigerapparaten, die hier nach Fig. 59 angeordnet waren.

3. die Änderungen des Abstandes zwischen den beiden Stegen, und zwar an den beiden Querschnitten in den Mitten zwischen den Bindeblechen a und b, sowie c und d (s. die Meßstellen 25—28, Fig. 54). Die Endmarken der Meßstrecken lagen auf den Gurtwinkeln. Gemessen ist in $^1/_{500}$ mm mit Rollenapparaten.

4. die Längenänderungen der Systemlänge des Stabes in $^1/_{10}$ mm an beiden Stegen. Hierzu waren den vier Endmarken der Meßlängen gegenüber im Raum Maßstäbe fest aufgestellt. Die Unterschiede in den Bewegungen der beiden Marken derselben Meßlänge gegen diese Maßstäbe entsprechen den Längenänderungen des Stabes.

---

[1]) Rudeloff: „Dritter Bericht über Versuche mit Nietverbindungen und Brückenteilen". Verhandlungen des Vereins zur Beförderung des Gewerbefleißes 1911.

3. Versuchsergebnisse.

a) Bestimmung der Zugkräfte (Belastungen).

Die Wasserdrucke im Zylinder der 3000-t-Maschine sind an den Manometern 211 und 123 in Graden beobachtet. Aus den Beobachtungswerten für die einzelnen Laststufen sind die im Kopf der Tab. 25 angegebenen Drucke p in at angegeben, wie sie sich mit den Eichwerten der Manometer berechnen. Die zu den Last- oder Druckstufen $p = 13,17$ bis $p = 114,15$ at in Tab. 25 angegebenen Dehnungen λ der Zugstange sind für die Meßlänge $l = 40$ cm beobachtet. Sie gelten von dem Anfangsdruck $p = 3,195$ at ab und entstammen abwechselnd einer Belastung und einer Entlastung. Der Wert $\lambda = \dfrac{59}{200\,000}$ cm für $p = 3,195$ at ist das Mittel aus 15 Beobachtungen, die sich ergaben als die Unterschiede der Ablesungen nach dem Entlasten auf $p = 3,195$ at gegen die erstmalige Ablesung für $p = 0$ beim Beginn des Versuches.

Mit den Mittelwerten der befriedigend übereinstimmenden Einzelwerte für λ, dem Stangenquerschnitt $f = 1388$ qcm und dem Elastizitätsmodul

$$E = 2\,090\,500 \text{ kg/qcm}$$

des Stangenmaterials (s. Tab. 23) sind die „Einzelwerte" der Zugbelastungen $P_1 = \dfrac{\lambda}{l} f \cdot E$ in t berechnet. Die „Gesamtbelastungen" ergaben sich dann nach Vorgesagtem aus der Erhöhung der „Einzelwerte" von P_1 für $p = 13,17$ bis 114,15 at um den Wert von $P_1 = 21,4$ t für $p = 3,195$ at.

Den so errechneten Gesamt-Zugbelastungen P_1 sind ferner in Tab. 25 die Belastungen $P = p\,F - R$ in t gegenübergestellt, die sich mit den at-Werten p, dem Kolbenquerschnitt $F = 7918$ qcm und der Reibung im Leer-

Fig. 59. Anordnung der Dehnungs- und Verschiebungsmesser innerhalb des Stoßes.

gange der Maschine $R = 7068$ kg ergeben. Aus den Unterschieden $P - P_1$ in t sind schließlich die prozentuellen Unterschiede zwischen den Ergebnissen der beiden Verfahren zur Ermittlung der Zugbelastungen (aus den Dehnungen der Zugstange S der Maschine und aus dem Wasserdruck × Kolbenfläche — Leergangsreibung) für die angewendeten Laststufen berechnet. Die zuverlässigere beider Bestimmungen ist meines Erachtens diejenige aus der Dehnung der Zugstange. Betrachtet man sie als richtig, so folgt aus den Endwerten der Tab. 25, daß der Ermittlung der Zugbelastung bis zu etwa 900 t aus dem am Manometer abgelesenen Wasserdruck ein Fehler von etwa 1 bis 1,5% anhaftet.

Den nachfolgenden Betrachtungen sind die aus den Dehnungen der Zugstange ermittelten Belastungen zugrunde gelegt.

b) Bestimmung der Formänderungen.

Die Ergebnisse der Formänderungsmessungen sind in den Tab. 26 bis 32 zusammengestellt; aus ihnen ergibt sich folgendes:

Die Längenänderung am Stoß, gemessen auf je 50 mm zu beiden Seiten des Stabquerschnittes mit der Stoßfuge (s. Fig. 57), sind bei dem Aufbau des vorliegenden Versuchsstabes im wesentlichen abhängig von den Dehnungen der Laschen und der vier Saumwinkel. Auf die gestoßenen Stegbleche kann innerhalb der gewählten Meßlänge ein Teil der Zugkraft nur durch die Reibung zwischen den Stegblechen einerseits und den Laschen und Saumwinkeln andererseits übertragen werden. Ist letzteres in irgendwie nennenswertem Maße der Fall, so wird die Längung λ_b, gemessen über den Stoß der Stegbleche, nicht wesentlich größer sein als die Dehnung λ_l der Laschen.

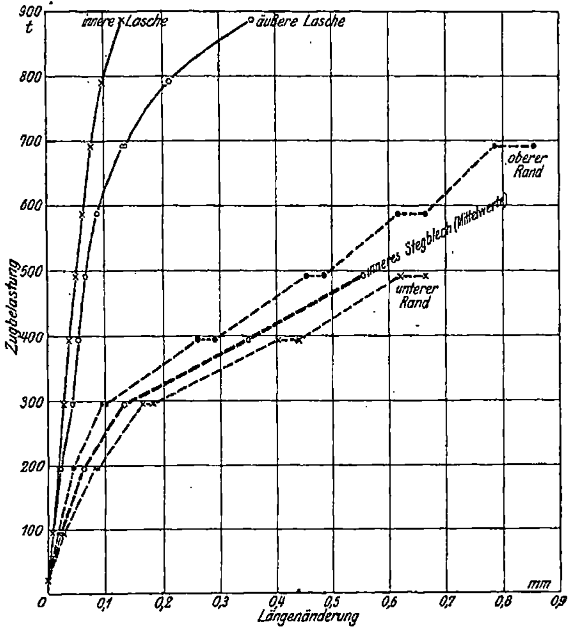

Fig. 60. Längenänderungen der beiden Laschen und des inneren Stegbleches (über den Stoß gemessen) auf 100 mm Meßlänge. Seite (Steg) A des Stabes.

Aus den Werten der Tab. 26 und 28 ist das Verhältnis $\lambda_b : \lambda_l$ schon bei der ersten Laststufe von 98,29 t am Steg $A = 232 : 89$ und am Steg $B = 109 : 75$. Hiernach kann gesagt werden, daß besonders am Steg A die gesamte Zugkraft an der Stoßstelle im Bereich der gewählten Meßlänge lediglich von den Laschen und Saumwinkeln aufgenommen worden ist.

4*

Den weiteren Verlauf der Dehnungen zeigen die nach den Mittelwerten der Tab. 26 und 28 aufgetragenen Schaulinien (Fig. 60) für den Steg A und (Fig. 61) für den Steg B.

Zu den Einzelwerten bleibt zunächst hervorzuheben, daß die Messungsergebnisse für die beiden Stegbleche desselben Steges befriedigend übereinstimmen. In Fig. 60 und 61 sind daher die Schaulinien nur für die inneren Stegbleche dargestellt. Die wagerechten Strecken der feineren, gestrichelten Linien für den oberen und unteren Rand entsprechen dem Fortschreiten der Längungen bei dem dreimaligen Wechsel zwischen Be- und Entlastung bei derselben Laststufe.

Sowohl die Längungen λ_b der Meßlängen auf den Stegblechen (s. Tab. 26) als auch die Dehnungen λ_l der Laschen (s. Tab. 28), gemessen auf den beim Versuch unten liegenden Kanten, waren bei allen Laststufen sichtlich größer als die gleichzeitig an den oberen Kanten ermittelten Formänderungen. Diese Erscheinung läßt darauf schließen, daß der Stab sich an der Stoßstelle mit wachsender Belastung ständig nach unten durchbog. Beim Stabe ohne Stoß hätte allenfalls teilweise mit der Zugkraft zunehmende Aufhebung des ursprünglichen Durchhanges unter dem Eigengewicht, also Durchbiegen nach oben, erwartet werden müssen.

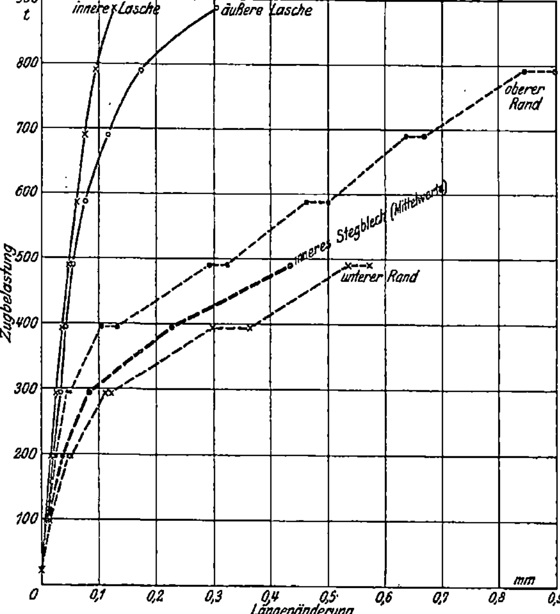

Fig. 61. Längenänderungen der beiden Laschen und des inneren Stegbleches (über den Stoß gemessen) auf 100 mm Meßlänge. Seite (Steg) B des Stabes.

Das gegenteilige Verhalten des Stabes dürfte darauf zurückzuführen sein, daß die Reibung zwischen den gestoßenen Stegblechen und den Laschen schon bei geringen Belastungen aufgehoben wurde und nun der Spielraum zwischen den Nieten und Lochwandungen stärkeres Durchbiegen unter dem freigewordenen Eigengewicht nach unten ermöglichte. Infolge der hiermit verbundenen stärkeren Längung an unteren Rande haben hier die Messungen an beiden Stegen nur bis 294 t bzw. 490,8 t fortgesetzt werden können (s. Tab. 26); bei höheren Belastungen ging die Drehung der Spiegel aus dem Meßbereich der Ablesemaßstäbe heraus.

Von den beiden Laschen desselben Steges erlitt sowohl auf der Seite A (Fig. 60) als auch auf der Seite B (Fig. 61) die äußere bei den einzelnen Laststufen größere Längung als die innere, und zwar gilt dies auch für die bleibenden Längungen Tab. 29 und Fig. 62 und 63. Diese Erscheinung kann in zwei Ursachen begründet sein. Erstens darin, daß beide Stege sich unter der Zugbeanspruchung nach außen durchbogen, und zweitens darin, daß die inneren Laschen mit den Stegblechen weniger fest verbunden waren und daher unter entsprechend stärkerem Gleiten gegen die Stegbleche verhältnismäßig weniger auf Zug beansprucht waren als die äußeren Laschen. Welche dieser beiden Ursachen vorlag oder ob beide gleichzeitig zur Wirkung kamen, läßt sich aus den vorliegenden Messungsergebnissen nicht ohne weiteres erkennen, zumal für die Änderung der Feldweite innerhalb des Stoßes überhaupt keine Beobachtungen vorliegen.

Betrachtet man die Anordnung des Querschnittes, der die Zugbelastung in der Ebene der Stoßfuge aufzunehmen hatte, so zeigt sich, daß der Anteil des tragenden Querschnittes neben dem inneren Stegblech lediglich durch die Lasche gegeben ist; er beträgt $51 \cdot 1{,}5 = 76{,}5$ qcm. Über dem äußeren Stegblech liegen dagegen die dreiteilige Lasche mit

$$f = 2 \cdot 8 \cdot 2 + 30 \cdot 1{,}5 \text{ cm}$$

und die beiden Saumwinkel mit $f = 2 \cdot 22{,}7$ cm. Der Gesamtquerschnitt dieser

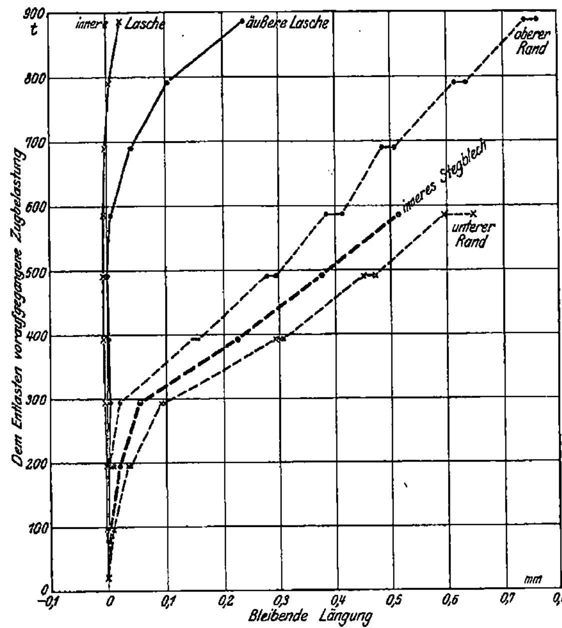

Fig. 62. Bleibende Längungen der beiden Laschen und des inneren Stegbleches (über den Stoß gemessen) auf 100 mm Meßlänge. Seite (Steg) A des Stabes.

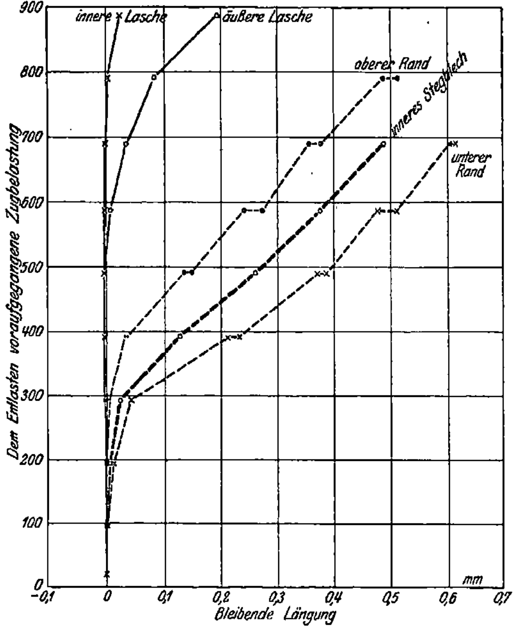

Fig. 63. Bleibende Längungen der beiden Laschen und des inneren Stegbleches (über den Stoß gemessen) auf 100 mm Länge. Seite (Steg) B des Stabes.

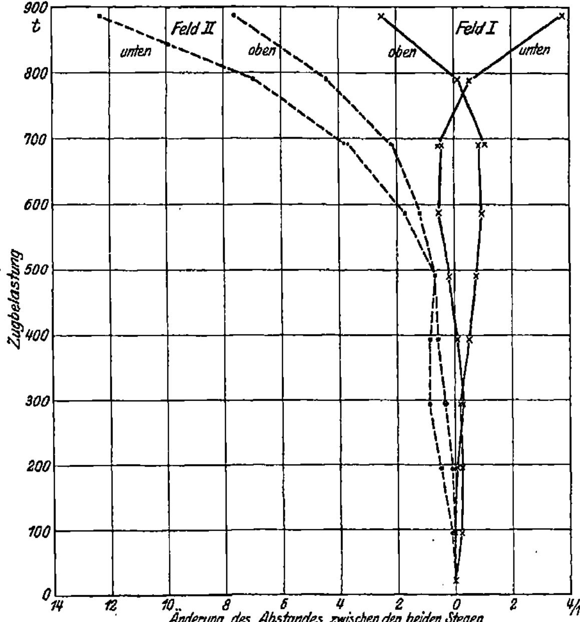

Fig. 64. Gesamtänderungen der Feldweiten.

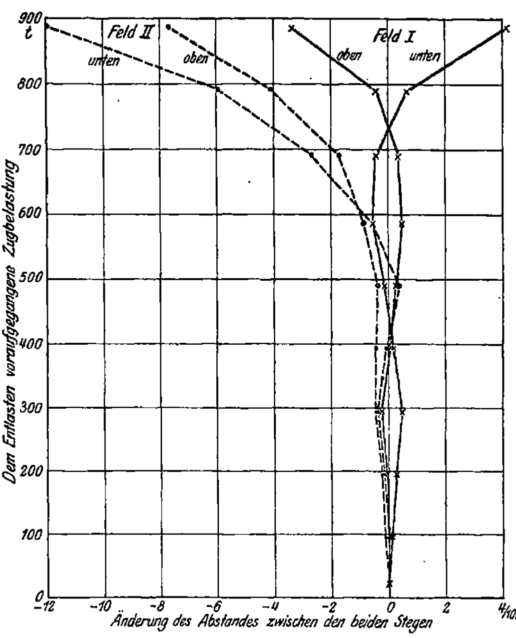

Fig. 65. Bleibende Änderungen der Feldweiten.

Teile beträgt 122,4 qcm. Letzterer ist also nicht nur um 46 qcm größer als der neben dem inneren Stegblech gelegene, sondern sein Schwerpunkt liegt auch weiter von dem Stegblech entfernt. Die Zugkräfte wurden an den Stabenden symmetrisch zu den beiden Stegblechen eingeleitet. Nach allem war somit von vornherein Durchbiegen der beiden Stege nach innen, d. h. nach der Stabachse hin zu erwarten gewesen. Innerhalb der beiden anderen, durch die Bindebleche a, b und c, d (Fig. 54) begrenzten Felder außerhalb des Stoßes fand nach den Ergebnissen der Tab. 30 und den hiernach verzeichneten Schaulinien Fig. 64 und 65 tatsächlich Durchbiegen der Stege nach innen statt. Dabei war hier die Symmetrie der Querschnitte günstiger, indem die Laschen beiderseits fehlten und nur das statische Moment der Saumwinkel die Durchbiegung beeinflußte. Hiernach erscheint es mindestens zweifelhaft, daß die Stege sich innerhalb des den Stoß enthaltenden Feldes nach außen durchbogen. Damit wächst aber die Wahrscheinlichkeit dafür, daß die äußeren Laschen sich deswegen stärker dehnten als die inneren, weil die inneren infolge stärkeren Gleitens weniger beansprucht waren.

Als Bestätigung möge auf folgendes Ergebnis hingewiesen sein. Das Maß des Gleitens der Stegbleche am Stoßende gegen die Laschenmitte ergibt sich aus dem Unterschiede zwischen den Längenänderungen λ_b und λ_l. Nach den Mittelwerten der Tab. 26 und 28 berechnet sich $\lambda_b - \lambda_l$ wie folgt:

bei der Belastung		98,29	197,96	294,37 t	
am Steg A	innen =	144	441	1057	mm 10^{-4}
	außen =	143	216	933	mm 10^{-4}
am Steg B	innen =	45	193	547	mm 10^{-4}
	außen =	29	152	473	mm 10^{-4}

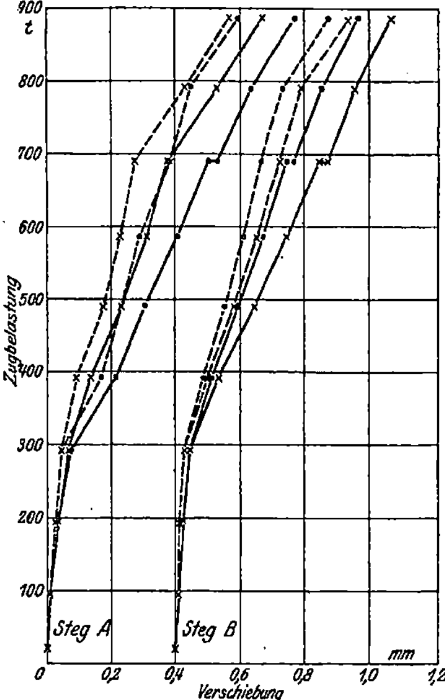

Fig. 66. Verschiebung der gestoßenen inneren Stegbleche gegen die benachbarte innere Lasche in Richtung der Zugkräfte.
——— Gesamte, · · · · bleibende Verschiebung; × gegen rechtes, · gegen linkes Ende der Lasche.

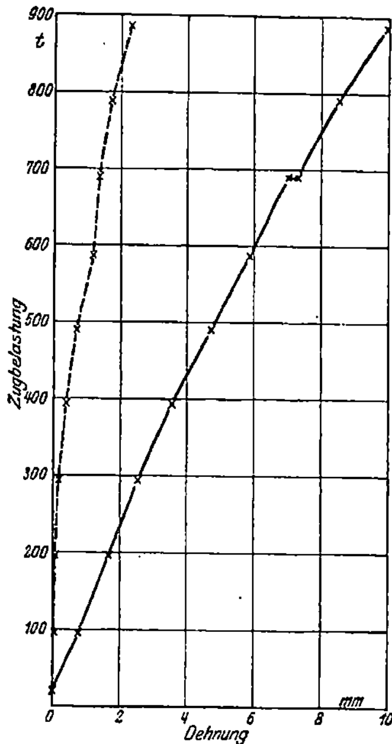

Fig. 67. Dehnung des Stabes innerhalb der Systemlänge (3000 mm).
——— Gesamte, · · · · bleibende Dehnung.

Das Gleiten der Stegblechenden gegen die Laschen war also an beiden Stegen A und B innen tatsächlich größer als außen und zudem war auch der Unterschied zwischen dem Gleiten innen und außen bei dem Steg A, also an dem Steg der größere, an dem auch der Unterschied der Dehnungen beider Laschen der größere war.

An den beiden Enden der inneren Laschen ist deren Gleiten gegen die Stegbleche unmittelbar gemessen (s. Tab. 31 und Fig. 66). Die Schaulinien (Fig. 66) lassen erkennen, daß geringes Verschieben schon bei 100 t Belastung wahrnehmbar war, daß es aber besonders mit Überschreitung der Belastung von 300 t einsetzte. Es ist dies die gleiche Belastung, bei der besonders nach Fig. 60, aber auch nach Fig. 61, die

Unterschiede in den Längenänderungen der beiden Laschen desselben Steges begannen.

. Bis zu 300 t etwa kann man auch nach Tab. 32 und Fig. 67 die Gesamtdehnung des Stabes innerhalb der Systemlänge der Belastung proportional erachten, während sie ebenso wie die bleibende Dehnung bei höheren Belastungen in stärkerem Maße zunahm.

Nach Vorstehendem sind 300 t sowohl durch das Verschieben der gestoßenen Stegbleche gegen die Laschen, als auch durch den Unterschied in den Dehnungen der Laschen, als auch durch die Dehnung innerhalb der Systemlänge des Stabes gewissermaßen als kritische Belastung gekennzeichnet. Eine zweite solche kritische Belastung liegt zwischen 500 und 600 t, indem bei ihr sowohl die Dehnung λ_l der äußeren Laschen (s. Fig. 60—63) als auch die Änderung der Feldweiten (s. Fig. 64 und 65) in erhöhtem Maße zunahmen.

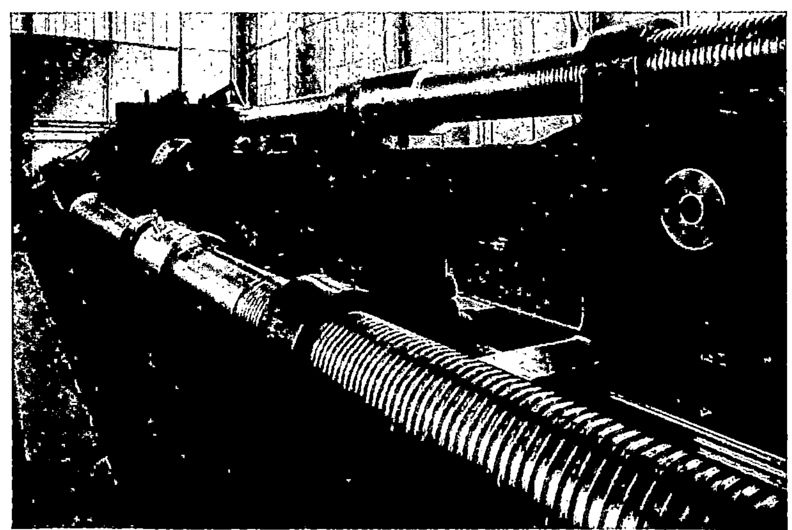

Fig. 68. Der gerissene Stab 70 in der Maschine.

c) Brucherscheinungen.

Der erste Bruch eines Teiles des Stabes, und zwar eines Saumwinkels erfolgte bei 995,46 t (s. Fig. 68). Die rechnungsmäßige Belastung des Stabes in der Brücke, die Nutzlast, beträgt 302 t also $\dfrac{1}{3,3}$ der ermittelten Bruchlast.

Mit dem Nettoquerschnitt des Stabes $F = 306,32$ qcm berechnet sich die Materialbeanspruchung aus der Nutzlast zu $\sigma_N = \dfrac{302\,000}{306,32} = 985$ kg/qcm und aus der Bruchlast zu $\sigma_B = \dfrac{995\,460}{306,32} = 3250$ kg/qcm. Die mittlere Materialfestigkeit der Stegbleche ist nach Tab. 33 an der Streckgrenze zu $\sigma_S = 2800$ kg/qcm und an der Bruchgrenze zu $\sigma_B = 3820$ kg/qcm ermittelt. Die Bruchspannung des Stabes 70 verhält sich demnach zur Streckgrenze des Materials wie 3250 : 2800 oder wie 116 : 100 und zur Bruchfestigkeit des Materials wie 3250 : 3820 oder wie 85 : 100.

Den zeitlichen Verlauf des Bruches der einzelnen Teile des Stabes und die zugehörigen Belastungen läßt Tab. 34 ersehen. Zuerst riß der untere Saumwinkel des Steges A bei 1 (Fig. 69a), dann derselbe Winkel nochmals bei 2 (Fig. 69b), hierauf der obere Saumwinkel deselben Steges A bei 3 (Fig. 69b). Nachdem dann, wieder am Steg A bei 4 (Fig. 69a), noch ein Niet abgeschoren war, rissen nun beide Bleche des Steges B bei 5 (Fig. 70). Hiermit war zugleich die Höchstlast erreicht. Sie betrug 1114,70 t, entsprechend einer rechnungsmäßigen Materialspannung von

$$\frac{1114700}{306,32} = 3640 \text{ kg/qcm oder } 95,3\% \text{ der Materialfestigkeit.}$$

Fig. 69 a. Seitenansicht des Steges A.

Fig. 69 b. Seitenansicht des Steges A.

Fig. 70. Seitenansicht des Steges B.

Die Belastung war beim Bruch 5 abgesunken; beim Wiederanheben riß unter 702,83 t bei 6 (Fig. 69a) nochmals der obere Saumwinkel des Steges A und bei 709,29 t erlitt auch wieder der untere Saumwinkel des Steges A bei 7 (Fig. 69b) einen Anbruch am Rande des vernieteten Schenkels. Von nun an sank die Belastung trotz weiterer Streckung des Stabes ständig ab. Hierbei rissen unter 628,6 t beide Saumwinkel des Steges B bei 8 (Fig. 70). Bei 610 t erfolgte Abscheren eines zweiten

und bei 559 t eines drittes Nietes des Saumwinkels bei 9 und 10 (Fig. 69a). Schließlich scherten auch die übrigen Niete des Saumwinkels ab und zugleich rissen die
beiden Stegbleche durch. Die Brüche begannen am unteren Rande und schritten
langsam nach oben hin fort.

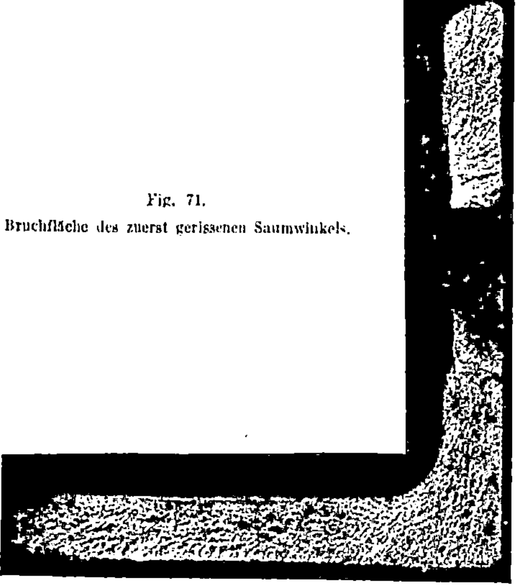

Fig. 71.
Bruchfläche des zuerst gerissenen Saumwinkels.

Das Aussehen der entstandenen Brüche zeigen die Fig. 71—73. Der zuerst gerissene
Saumwinkel (s. Fig. 69a) weist über die ganze Bruchfläche körnigen Bruch mit
Bruchlinien (Fig. 71) auf. Der Verlauf der letzteren deutet darauf, daß der Bruch
am Lochrande begann. Nach dem veränderten Aussehen des schmalen Streifens
unter der Anlagefläche des Nietkopfes hat das Material beim Einziehen des
Nietes gelitten. An den später noch entstandenen Bruchstellen 2 und 7 (Fig. 69b)
war das Bruchgefüge ebenfalls körnig.

Fig. 72. Bruchflächen der Bleche des Steges B.

Die Bruchflächen der Stegbleche des Steges B, die unter der Höchstlast rissen
(Stelle 5, Fig. 70), zeigen zwischen den Nietlöchern für den Anschluß der Saumwinkel ebenfalls feinkörniges Bruchgefüge mit Bruchlinien (s. Fig. 72); außerhalb
dieser Nietlöcher ist das Gefüge bei drei Bruchflächen mattglänzend mit Trichterbildung, bei der vierten aber wieder feinkörnig. Anscheinend ist der Bruch der
Bleche von dem auf halber Steghöhe gelegenen Nietloch ausgegangen; die Teile

mit körnigen Bruchflächen sind ohne wesentliche bleibende Dehnung plötzlich gerissen, während der Entstehung der Brüche innerhalb der matten Flächen Fließen des Materials voraufgegangen ist. Eine Bestätigung dieser Ansicht erblicke ich in dem Aussehen des Bruches der Stegbleche A. Hier begann der Bruch am untern Rande und pflanzte sich unter starkem Dehnen des Materials langsam nach oben hin fort. Das Bruchaussehen ist daher bis zum oberen Nietloch hin mattglänzend mit Trichterbildung. Oberhalb ist der Bruch schließlich bei geringerer Dehnung, die sich in der Abnahme der Dickenverminderung nach dem Rande zu deutlich zu erkennen gibt, erfolgt und das Bruchaussehen geht wieder in feines Korn über.

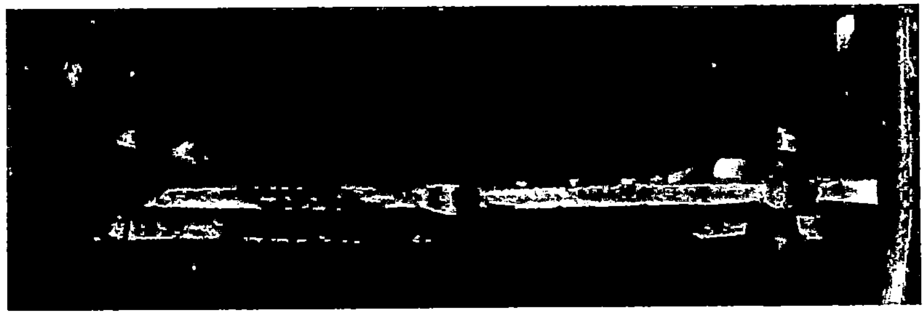

Fig. 73. Bruchflächen der Bleche des Steges A.

Zusammenfassung der Ergebnisse.

Die besondere Aufgabe der vorstehend im einzelnen besprochenen Versuche war die Erprobung der Maschine. Die nach dieser Richtung hin erzielten Ergebnisse lassen sich wie folgt zusammenfassen:

1. Die Handhabung der Ventile zwecks Einstellung und Regelung der Belastung hat sich als durchaus zuverlässig erwiesen.

2. Die Belastung P des Probestabes kann bei der jetzt gewählten Anordnung der Rohrleitungen (s. Seite 3) mit hinreichender Genauigkeit aus dem Wasserdruck p im Zylinder, der Kolbenfläche F und dem Leergangswiderstand R nach der Gleichung $P = p\,F - R$ berechnet werden. Der wahrscheinliche Fehler des so berechneten Wertes betrug für alle Belastungen zwischen 80 und 900 t meist unter 1% und nicht über 1,5%. Belastungen unter 80 t kommen für eine 3000-t-Maschine nicht in Frage.

3. Bei Zugversuchen ist die Möglichkeit einer zuverlässigen Kontrolle der aus dem Wasserdruck berechneten Belastung anscheinend in Messungen der elastischen Dehnungen λ des zur Maschine gehörigen Zugstabes i, Fig. 1, gegeben. Bei 400 mm Meßlänge entspricht die Dehnungszunahme $\Delta\lambda = \dfrac{276}{20\,000}$ mm der Steigerung der Belastung um je 100 t.

4. Die Kugellagerung der Druckplatten hat sich bei hohen Belastungen bewährt; bei geringen exzentrischen Belastungen hindern die Bewegungswiderstände die Einstellung der Druckplatten trotz des Wasserpolsters in den Kugellagern.

5. Die Rückschläge infolge plötzlichen Auslösens der elastischen Druckspannungen in den Maschinenspindeln beim Bruch der Zerreißproben haben bisher keine Übelstände gezeigt.

Tabelle 1. Zusammendrückung der Stützfedern bei wachsender Belastung.

Stütz-feder Nr.	Bedeutung der Werte		Belastungen der Feder in kg									
			500	1000	1500	2000	2500	3000	3500	4000	4500	5000
1	Zusammen-drückung λ der Feder in mm unter den über-geschriebenen Belastungen bei Reihe Nr.	1	11,9	24,0	35,8	46,9	58,3	70,7	81,8	91,1	99,1	107,1
		2	12,4	24,4	36,3	47,9	58,5	71,4	82,5	91,8	99,5	107,5
		3	11,8	23,5	35,1	47,2	58,6	70,1	82,5	91,2	99,2	106,9
		4	11,8	23,4	35,1	47,6	59,4	70,7	83,7	92,4	100,4	108,0
		5	11,8	23,4	35,0	46,9	58,7	69,7	81,8	91,1	98,8	106,9
		6	12,6	24,2	36,1	48,1	60,5	71,6	84,1	93,3	101,3	108,7
		7	11,0	22,5	34,7	47,0	58,0	68,5	81,3	90,8	98,0	106,0
		8	11,4	23,0	35,1	48,1	59,0	69,5	83,1	92,4	99,7	107,2
		9	12,3	23,8	35,5	47,4	59,0	69,9	81,9	91,2	98,9	106,8
		10	12,7	24,2	36,0	47,9	60,2	71,1	83,6	92,8	100,4	107,9
		Mittel	11,97	23,64	35,47	47,50	59,02	70,32	82,63	91,81	99,53	107,80
	Mittlere Zunahme von λ für 500 kg Belastg. $= \varDelta\lambda$		11,97	11,67	11,83	12,03	11,52	11,30	12,31	9,18	7,72	7,77
	Belastg. in kg für Zu-nahme von λ um je 1 mm		41,8	42,7	42,1	41,5	43,3	44,1	40,6	54,5	64,7	64,5
2	Zusammen-drückung λ der Feder in mm unter den über-geschriebenen Belastungen bei Reihe Nr.	1	13,1	25,5	38,1	50,4	62,8	74,5	83,4	91,7	100,2	107,5
		2	14,2	26,4	39,5	52,3	65,1	76,3	85,2	93,7	102,2	109,4
		3	13,6	26,4	39,7	51,9	65,4	76,4	84,7	92,9	101,3	108,7
		4	16,2	29,0	42,4	55,0	69,0	80,1	88,3	96,5	104,7	112,2
		5	13,8	25,9	38,7	51,6	63,7	74,4	83,3	92,0	100,8	108,2
		6	15,7	27,9	40,5	54,0	·66,2	77,0	85,8	94,7	103,4	110,8
		7	14,2	27,4	38,2	50,9	63,5	74,8	82,9	91,7	100,2	107,7
		8	15,4	28,5	39,8	53,0	65,4	76,2	84,8	93,8	102,2	109,7
		9	12,2	26,4	38,3	50,5	63,2	74,2	82,9	91,7	99,8	107,2
		10	14,4	27,6	39,7	52,4	65,3	76,0	84,9	93,6	101,8	109,3
		Mittel	14,28	27,10	39,49	52,20	64,96	75,99	84,62	93,23	101,66	109,07
	Mittlere Zunahme von λ für 500 kg Belastg. $= \varDelta\lambda$		14,28	12,82	12,39	12,71	12,76	11,03	8,63	8,61	8,43	7,41
	Belastung in kg für Zu-nahme von λ um je 1 mm		35,0	39,0	40,4	39,3	39,2	45,3	57,9	58,1	59,3	67,5

Tabelle 2. Ausbiegen des Stabes 68 mit wachsender Belastung zwischen den Meßpunkten 1—7—4 und 2—8—5 (s. Fig. 8).

Gemessen an den Meßpunkten	Belastung in kg	Bewegungen der Meßpunkte 1—7—4 und 2—8—5 in $\frac{1}{10\,000}$ cm						Mittlere Bewegungen der Meßpunkte an den Enden in cm 10^{-4}		Ausbiegen des Stabes in cm 10^{-4}		Gesamtausbiegen des Stabes in cm 10^{-4}	
		Ende I (Punkt 1 u. 2)		Ende II (Punkt 7 u. 8)		Mitte (Punkt 4 u. 5)		wagerecht $A=\frac{a+c}{2}$	senkrecht $B=\frac{b+d}{2}$	wagerecht $D_w=e-A$	senkrecht $D_s=f-B$	Gesamt $D=\sqrt{\overline{D_w}^2+\overline{D_s}^2}$	Zunahme
		wagerecht a	senkrecht b	wagerecht c	senkrecht d	wagerecht e	senkrecht f						
1—7—4	17 300	—	—	—	—	—	—	—	—	—	—	—	—
	304 800	28	—122	0	—20	60	—56	+14	—71	46	15	48	48
	399 800	+10	—144	—20	—14	63	—55	—5	—79	68	24	72	24
	505 100	—4	—164	—35	—12	73.	—61	—20	—88	93	27	97	25
	614 400	—16	—184	—36	—10	85	—64	—26	—97	111	33	116	19
	712 500	—22	—198	—38	0	88	—63	—30	—99	118	36	123	7
	813 900	—24	—210	—43	+6	98	—56	—33	—102	131	46	139	16
	918 400	—34	—222	—55	14	103	—41	—45	—104	148	63	161	22
	1 020 600	—40	—230	—63	22	103	—24	—51	—104	154	80	174	13
	1 124 300	—50	—240	—73	28	95	—4	—62	—106	157	102	187	13
	1 227 200	—58	—244	—88	40	88	+21	—73	—102	161	123	203	16
	1 333 300	—74	—244	—105	48	68	49	—89	—98	157	147	215	12
	1 433 100	—100	—242	—130	64	+35	85	—115	—89	150	174	230	15
	1 543 100	—130	—232	—183	88	—28	130	—157	—72	129	202	240	10
	1 641 300	—160	—198	—263	124	—115	239	—211	—37	+96	276	292	52
	1 760 900	—234	—36	—463	324	—490	1383	—349	+144	—141	1239	1247	955
	1 760 900	—300	+252	—545	646	—805	2234	—422	449	—383	1785	1826	579
	1 760 900	—356	462	—643	914	—1085	2939	—500	688	—585	2251	2326	+500
	20 500	—300	662	—495	860	—1100	2798	—397	761	—703	2037	2155	—171
	1 760 900	—368	652	—695	1070	—1235	3482	—532	861	—703	2621	2714	+559
2—8—5	17 300	—	—	—	—	—	—	—	—	—	—	—	—
	304 800	88	—104	0	58	80	92	44	—23	36	115	121	121
	399 800	75	—116	0	78	100	124	38	—19	62	143	156	35
	505 100	75	—122	0	86	125	147	37	—18	88	165	187	31
	614 400	75	—136	0	98	150	168	38	—19	112	187	218	31
	712 500	80	—140	1	108	175	191	40	—16	135	207	247	29
	813 900	80	—156	1	116	185	211	40	—20	145	231	273	26
	918 400	85	—162	1	126	200	236	43	—18	157	254	299	26
	1 020 600	85	—172	1	138	210	264	43	—17	167	281	327	28
	1 124 300	85	—178	1	146	215	291	43	—16	172	307	352	25
	1 227 200	85	—180	1	160	220	319	43	—10	177	329	374	22
	1 333 300	85	—180	1	168	210	346	43	—6	167	352	390	16
	1 433 100	85	—170	0	182	195	379	43	+6	152	373	403	13
	1 543 100	58	—148	—2	198	155	424	28	25	127	399	419	16
	1 641 300	58	—70	—5	234	93	503	27	82	66	421	426	7
	1 760 900	45	+112	—14	434	98	1092	15	273	83	819	823	397
	1 760 900	+33	392	—19	658	+118	2103	+7	525	+111	1578	1582	759
	1 760 900	—13	612	—25	874	—110	2807	—19	743	—91	2064	2066	+484
	20 500	—80	770	—28	794	—315	2769	—58	782	—207	1987	1998	—68
	1 760 900	—13	744	—27	1038	—250	3396	—20	891	—230	2505	2516	+518

Tabelle 3.
Verkürzung des Stabes 68 mit wachsender Belastung.

Belastung	Bewegungen der Druckplatten in der Kraftrichtung						Verkürzung des Stabes $-\lambda = a - b$
	Platte am Kolben			Platte am Widerlager			
	Bewegungen in mm						
t	rechts	links	Mittel a	rechts	links	Mittel b	mm
304,8	1,1	1,2	1,15	0,0	0,0	0,0	1,15
399,8	1,6	1,6	1,60	0,0	0,0	0,0	1,60
505,1	2,2	2,1	2,15	0,0	0,0	0,0	2,15
614,4	2,6	2,8	2,70	0,0	0,0	0,0	2,70
712,5	3,3	3,1	3,20	0,0	0,0	0,0	3,20
813,9	3,5	3,6	3,55	0,1	0,0	0,05	3,50
918,4	4,1	4,1	4,10	0,1	0,0	0,05	4,05
1020,6	4,8	4,6	4,70	0,1	0,0	0,05	4,65
1124,3	5,1	5,0	5,05	0,2	0,0	0,10	4,95
1227,2	5,5	5,6	5,55	0,2	0,0	0,10	5,45
1333,2	6,3	6,2	6,25	0,2	0,0	0,10	6,15
1433,1	6,9	6,7	6,80	0,2	0,0	0,10	6,70
1543,1	7,7	7,6	7,65	0,2	0,1	0,15	7,50
1641,3	8,6	8,6	8,60	0,2	0,2	0,20	8,40
1760,9	10,6	10,2	10,40	0,2	0,6	0,40	10,00
1760,9	11,9	11,2	11,55	—0,4	0,2	—0,10	11,45

Tabelle 5. Zusammendrückungen des

| Meßstelle Nr. | Stegseite | Lage der Meßstelle (s. obige Skizze) | | Zusammendrückungen in Proz. $\cdot 10^{-4}$ bei den | | | | | | | | | | | | |
		Höhenlage	Stabende	22	96	200	301	405	507	600	718	28	23	718	815	917
12	1	oben	links (Kolben)	0	—3	—1	14	47	95	145	194	17	14	202	254	303
16		unten		0	12	24	37	50	78	112	151	3	4	145	190	233
14	2	oben		0	17	44	76	108	147	187	225	9	6	230	271	314
18		unten		0	—3	—5	17	55	100	145	187	6	6	182	227	266
20	1	oben	rechts (Widerlager)	0	5	13	33	50	64	79	91	11	8	88	102	114
24		unten		0	13	45	78	112	141	162	180	11	4	182	200	216
22	2	oben		0	2	14	34	51	73	96	115	9	13	118	139	152
26		unten		0	40	98	145	191	235	273	300	24	25	301	330	351

Tabelle 4.

Ergebnisse der Zugversuche mit Materialproben aus Stab 68.

Versuch Nr.	Proben entnommen aus (s. Fig. 5)	Proben Material-Zeichen	Abmessungen Dicke a cm	Abmessungen Breite b cm	Abmessungen Querschnitt f qcm	Elastizitätszahl $\frac{1}{\alpha}=E$ kg/qcm	Spannungen kg/qcm Proportionalitätsgrenze σ_P	Spannungen kg/qcm Streckgrenze σ_S	Spannungen kg/qcm Bruchgrenze σ_B	$\frac{\sigma_S}{\sigma_B}\cdot100$	Bruchdehnung $l=4{,}6\sqrt{f}$ 10 cm je 5 %	Bruchdehnung $l=\sqrt{f}$ 20 cm je 10 von der Bruchstelle %	$l=$ 20 cm %	Querschnittsverminderung %
1	Saumwinkeln b	II	1,77	2,86	5,06	2035000	2270	2530	3930	65	38,8	28,4	28,2	64
2		$^{160}/_{160}\cdot17$	1,67	2,90	4,84	2050000	2270	2620	3720	71	38,7	27,8	27,8	66
3		II A	1,78	2,89	5,14	1985000	2430	2680	3760	71	38,0	27,2	26,9	65
4		$^{160}/_{160}\cdot17$	1,73	2,88	4,98	2050000	2410	2600	3640	72	35,8	26,9	26,9	67
Mittel		—	1,74	2,88	5,01	2030000	2345	2608	3760	70	37,8	27,6	27,5	66
5	Stegblech a	12 700·17	1,68	3,04	5,11	—	(1170)	2140	3430	62	38,0	27,4	27,4	68
6			1,67	2,90	4,84	2060000	1450	2020	3350	60	39,9	27,5	27,3	70
7			1,66	2,90	4,81	2040000	1660	1980	3440	58	38,3	27,8	27,4	70
8		5996·12 700·17	1,64	3,13	5,13	2050000	1750	1950	3480	56	40,7	29,8	28,9	70
Mittel		—	1,66	2,99	4,97	2050000	1620	2023	3420	57	39,2	28,1	27,8	70
9	Deckblech c	5996·13 950·17	1,72	3,19	5,49	2060000	1460	2700	4240	64	32,2	27,1	26,6	51
10	Querblech	5996·91 785·10	0,97	3,28	3,18	2050000	2200	2950	4280	69	$l=5{,}65\sqrt{f}$ 28,7	$l=11{,}3\sqrt{f}$ 24,6	24,2	45

Bruchaussehen: Mattgrau, feinschuppig, Trichterbildung.

Stab 1: parallel zur Oberfläche (Walzfläche) gespalten.

Stabes 69 an den Enden der Stegbleche.

Übergeschriebenen Belastungen in t

1020	1184	24	1184	1269	1485	24	1485	1693	24	1608	1911	24	1911	2125	2125	24	2125
355	408	24	408	470	570	11	574	688	6	703	833	19	851	984	1021	124	1049
283	334	—3	334	395	489	—25	488	581	—40	585	670	—45	686	930	1000	224	1048
360	409	6	410	469	567	23	572	690	36	700	806	47	813	1021	1066	257	1112
307	349	8	350	402	485	5	485	583	2	589	687	—3	696	781	793	1	820
126	137	7	140	155	172	13	165	187	19	179	191	15	185	196	192	15	186
236	253	11	254	275	302	20	297	327	25	324	350	31	349	374	374	41	371
171	184	14	183	199	228	9	226	249	5	246	272	7	266	290	288	7	289
374	396	20	390	417	454	17	447	481	21	474	502	20	499	519	515	17	513

Tabelle 6. Ausbiegen des Stabes 69 mit wachsender Belastung zwischen den Meßpunkten a, b, c. Fig. 27.

Belastung in t	Bewegung der Meßstellen a, b und c Fig. 27 in $\frac{1}{10000}$ cm						Mittlere Bewegung der Meßstellen a und b an den Enden in cm 10^{-4}		Ausbiegen des Stabes in cm 10^{-4}		Gesamtausbiegen des Stabes in cm 10^{-4}	Ausbiegen in der Pfeilrichtung
	Meßstelle a		Meßstelle b		Meßstelle c		wagerecht $A = \frac{2+10}{2}$	senkrecht $B = \frac{3+11}{2}$	wagerecht $D_x = 5 - A$	senkrecht $D_y - 6 = B$	$D = \sqrt{D_x^2 + D_y^2}$	
	wagerecht Richtung 2	senkrecht Richtung 3	wagerecht Richtung 10	senkrecht Richtung 11	wagerecht Richtung 5	senkrecht Richtung 6						
22	—	—	—	—	—	—	—	—	—	—	—	
96	+133	− 96	− 94	+ 106	+ 44	+ 14	+ 20	+ 5	24	+ 9	26	
200	183	− 278	−148	136	78	− 58	17	− 71	61	13	62	
301	305	− 420	−108	− 6	224	− 246	99	− 213	125	− 33	129	
405	333	− 438	−118	+ 24	248	− 224	107	− 207	141	− 17	142	
507	358	− 402	−130	84	248	− 142	114	− 159	134	+ 17	135	
607	365	− 408	−146	132	272	− 98	110	− 138	162	40	167	
713	378	− 424	−160	174	274	− 62	109	− 125	165	63	177	
23	−163	+ 140	− 46	88	− 84	+ 154	−104	+ 114	20	40	45	
23	−218	+ 114	− 62	96	−112	+ 158	−140	+ 105	28	53	60	
713	+308	− 620	−148	− 12	+246	− 342	+ 80	− 316	166	− 26	168	
815	320	− 634	−154	+ 24	256	− 292	83	− 305	173	+ 13	173	
917	328	− 640	−154	62	268	− 252	87	− 289	181	37	185	
1020	333	− 640	−144	108	296	− 204	95	− 266	201	62	210	
1134	348	− 648	− 90	146	346	− 164	129	− 251	217	+ 87	234	
24	−298	− 38	+ 36	− 34	− 90	− 32	−131	− 36	41	4	41	
1134	+335	− 662	− 46	+ 58	+384	− 226	+145	− 302	239	76	251	
1269	368	− 662	− 6	106	448	− 162	181	− 278	267	116	291	
1485	438	− 664	+ 46	+ 154	574	− 84	242	− 255	332	171	373	
24	−145	− 180	154	− 114	116	− 162	5	− 147	111	− 15	112	
1485	+435	− 742	70	+ 54	598	− 206	252	− 344	346	+138	373	
1698	528	− 780	100	+ 54	754	− 166	314	− 363	440	197	482	
24	55	− 394	232	− 234	366	− 358	144	− 314	222	− 44	226	
1698	578	− 914	154	− 142	854	− 392	366	− 528	488	+136	507	
1911	798	− 980	302	− 224	1226	− 410	550	− 602	676	192	703	
24	430	− 716	444	− 484	884	− 740	437	− 600	447	−140	468	
1911	870	−1130	384	− 362	1373	− 626	627	− 746	745	+120	755	
2125	1845	−1540	1196	− 962	2916	−1082	1520	−1251	1396	169	1406	
2125	2150	−1740	1258	−1168	3366	−1584	1704	−1454	1662	−130	1667	
24	1713	−1460	1300	−1336	2830	−1838	1507	−1398	1323	−440	1394	
2125	2315	−1988	1476	−1334	3696	−1826	1895	−1661	1801	−165	1809	

Tabelle 7. Wagerechtes Ausbiegen des Stabes 69 zwischen den Meßpunkten d und e (Fig. 27).

Belastung in t	Meßstelle d Richtung 1	Meßstelle e Richtung 9	Meßstelle f Richtung 4	Mittlere Bewegungen der Meßstellen d u. e an den Enden in cm 10^{-4} $A = \dfrac{1+9}{2}$	Wagerechtes Ausbiegen in der Mitte in cm 10^{-4} $D_x = 4 - A$
22	—	—	—	—	—
96	133	— 78	37	28	9
200	180	— 78	59	51	8
301	305	— 80	215	113	102
405	338	— 95	233	122	111
507	363	— 95	254	134	120
609	373	—100	259	137	122
713	375	—100	254	138	116
23	— 95	0	— 46	— 48	+ 2
23	—145	+ 33	— 58	— 56	— 2
713	+325	— 43	+257	+141	+116
815	330	— 38	262	146	116
917	325	— 28	264	149	115
1020	320	— 73	280	124	156
1134	323	— 73	320	125	195
24	—203	+185	— 5	— 9	4
1134	+313	150	+369	+232	137
1269	323	203	437	263	174
1485	373	273	561	323	238
24	— 80	375	225	148	77
1485	+383	333	618	358	260
1698	443	400	746	422	324
24	123	498	522	311	211
1698	505	483	884	494	390
1911	688	668	1217	678	539
24	498	755	1085	627	458
1911	778	780	1405	779	626
2125	1595	1775	2962	1685	1277
2125	1938	1988	3522	1963	1559
24	1700	1925	3209	1813	1396
2125	2093	2230	3859	2162	1697

Tabelle 8. Verkürzungen des Stabes 69.

Meßlängen: links = 653,1 cm, rechts = 658,0 cm.

Belastung in t	Längenabnahme in $^1/_{100}$ cm der linken (Kolben) Stabhälfte	Längenabnahme in $^1/_{100}$ cm der rechten (Widerlager) Stabhälfte	Längenabnahme in % 10^{-3} der linken (Kolben) Stabhälfte	Längenabnahme in % 10^{-3} der rechten (Widerlager) Stabhälfte
22	—	—	—	—
96	0	0	0	0
200	5	0	8	0
301	5	0	8	0
405	8	1	12	2
507	13	3	20	5
609	15	5	23	8
713	17	8	26	12
23	5	5	8	8
23	5	5	8	8
713	20	9	31	14
815	23	11	35	17
917	25	13	38	20
1020	28	18	43	27
1134	33	20	51	30
24	6	8	9	12
1134	35	20	54	30
1269	35	23	54	35
1485	45	30	69	46
24	8	10	12	15
1485	45	30	69	46
1698	50	36	77	55
24	13	10	20	15
1698	50	37	77	56
1911	57	42	87	64
24	15	12	23	18
1911	57	43	87	65
2125	67	53	103	81
2125	73	55	112	84
24	24	18	37	27
2125	71	55	109	84

Tabelle 9. Ergebnisse der Zugversuche mit den Materialproben zum Zugstabe 76.

Probe Nr.	Entnahme aus	Dicke mm	Breite mm	Querschnitt f qmm	Elastizitätszahl $\dfrac{1}{\alpha} = E$ kg/qcm	Proportionalitätsgrenze σ_P	Streckgrenze σ_S	Bruchgrenze σ_B	$l = 5{,}65\sqrt{f}$ %	$l = 11{,}3\sqrt{f}$ %	$l = 200$ mm %	Querschnittsverminderung %
1	Stab	18,0	30,0	540	2 069 000	1390	2690	5000	37,7	28,3	28,1	54
2	Stab	18,0	30,0	540	2 075 000	1300	2690	5000	36,1	30,0	29,5	54
3	Stab	17,9	30,1	539	2 093 000	1300	2640	4980	34,9	25,9	25,8	53
Mittel		—	—	—	2 079 000	1330	2670	4990	36,2	28,1	27,8	54
4	Laschen	11,7	37,7	441	2 025 000	1470	3020	5030	27,4	21,1	20,5	60
5	Laschen	11,4	37,6	429	2 095 000	1750	3040	5170	28,3	21,7	20,3	59
6	Laschen	11,7	37,7	441	2 030 000	1470	3040	5150	27,3	20,6	19,5	59
Mittel		—	—	—	2 050 000	1560	3030	5120	27,7	21,1	20,1	59

Tabelle 10.

Dehnung des Stabes 76 bei stufenweise gesteigerter Belastung.

Querschnitt des Stabes: $f = 90$ qcm.   Mittlerer Elastizitätsmodul des Materials nach Tab. 9: $E = 2\,079\,000$ kg/qcm.

Spaltengruppen: **Dehnung in cm 10^{-5} auf 12 cm Meßlänge bei den übergeschriebenen Belastungen P in t und Zugspannungen σ in kg/qcm** (Spalten 3–12) und **Bleibende Dehnung in cm 10^{-5} auf 12 cm Meßlänge bei den übergeschriebenen Belastungen P in t und Zugspannungen in kg/qcm** (Spalten 13–20).

Lage der Meßstelle s. Fig. 42	Belastung Nr.	$\sigma=97$ $P=8,71$	287 21,36	406 36,54	575 51,72	748 66,89	914 82,22	1086 97,73	1258 113,24	1431 128,75	1603 144,26	406 36,54	575 51,72	743 66,87	914 82,22	1086 93,73	1258 113,24	1431 128,75	1603 144,26
e und f am oberen Stabrande	1	22	114	216	324	421	530	636	733	841	956	17	12	4	.5	15	18	23	45
	2		131	217	327	423	533	639	738	843	964	9				18	19	30	51
	3		123	224				638	738	846		7							
	4		121	225															
	5		126																
	Mittel	22	123,0	220,1	325,5	422,0	531,5	637,7	736,3	843,3	960,0	11,0	12	4	5	16,5	18,5	26,5	48,0
g und h in Mitte Stabbreite	1	40	124	224	326	421	528	630	728	834	946	17	13	3	8	13	18	26	42
	2		141	223	331	423	529	635	734	836	953	7				16	21	26	45
	3		131	231				631	734	837		9							
	4		133	232															
	5		137																
	Mittel	40	133,2	227,5	328,5	422,0	528,5	632,0	732,0	835,7	949,5	11,0	13	3	8	14,5	19,5	26,0	48,5
i und k am unteren Stabrande	1	38	118	213	316	417	521	626	725	834	954	14	17	8	10	17	23	32	45
	2		132	218	325	417	522	631	731	836	960	8				18	25	32	51
	3		126	222				629	731	837		13							
	4		131	223															
	5		135																
	Mittel	38	128,4	219,0	320,5	417,0	521,5	628,7	729,0	835,7	957,0	11,7	17	8	10	17,5	24,0	32,0	48,0
Gesamtmittel λ		33,3	128,2	222,2	324,8	420,8	527,2	632,8	732,4	838,2	955,5	11,2	14	5	7,7	16,2	20,7	28,2	46,5
$P_1 = \frac{\lambda}{l}\cdot f \cdot E$ in t		5,19	19,97	34,62	50,60	65,48	82,14	98,59	114,11										
Unterschied zwischen der Kraftanzeige P und der wirklichen Belastung P_1 — $P-P_1$ in kg		+3,52	+1,39	+1,92	+1,12	+1,41	+0,08	−0,86	−0,87										
$\frac{P-P_1}{P_1}\cdot 100$ in %		+40,4	+6,5	+5,25	+2,17	+2,11	+0,10	−0,88	−0,77										

Tabelle 11. Prüfung der Manometer 211 und 951.

Beziehungen zwischen den Ablesungen an der Gradteilung der Manometer und dem Flüssigkeitsdruck in at.

Manometer Nr.	Beobachtungsreihe Nr.	Ablesungen am Manometer in Graden bei den übergeschriebenen Drucken											
	Druck in at	10	20	30	40	50	60	70	80	90	95	—	—
211	1	31,3	61,9	93,4	123,3	153,1	183,2	212,6	242,5	271,4	285,6	—	—
	2	31,3	61,9	93,4	123,3	153,0	183,2	212,6	242,5	271,5	285,7	—	—
	3	31,3	62,0	93,3	123,2	153,1	183,3	212,5	242,5	271,4	285,6	—	—
	Mittel	31,3	61,9	93,4	123,2	153,1	183,2	212,6	242,5	271,4	285,6	—	—
	Druck in at	1	3	5	10	15	20	25	30	35	40	45	50
951	1	6,6	18,7	31,0	60,8	90,6	120,4	150,2	180,4	209,9	240,0	269,6	299,6
	2	6,3	18,7	30,7	60,8	90,6	120,4	150,2	180,2	209,9	240,0	269,6	299,5
	3	6,5	18,8	31,2	60,9	90,8	120,5	150,4	180,5	210,0	240,1	269,7	299,7
	4	6,5	18,8	31,0	60,9	90,8	120,4	150,3	180,4	210,0	240,1	269,6	299,6
	5	6,4	18,6	31,1	60,9	90,8	120,5	150,4	180,6	210,0	240,2	269,8	299,7
	6	6,4	18,8	31,1	60,9	90,8	120,6	150,4	180,7	210,1	240,2	269,8	299,7
	Mittel	6,5	18,7	31,1	60,9	90,7	120,5	150,3	180,5	210,0	240,1	269,7	299,6

Tabelle 12.
Ergebnisse der Zugversuche mit den Materialproben zu den Stäben 80 und 81.

Probe Nr.	Entnommen aus Kontrollstab	Abmessungen Durchmesser d (mm)	Abmessungen Querschnitt f (qmm)	Abmessungen Meßlänge (mm)	Elastizitätszahl $\frac{1}{\alpha}=E$ (kg/qcm)	Spannungen kg/qcm Streckgrenze σ_S	Spannungen kg/qcm Bruchgrenze σ_B	Verhältnis $\sigma_S/\sigma_B \cdot 100$	Mittlere Entfernung der Bruchstelle von der nächsten Endmarke (cm)	Dehnung δ bezogen auf Länge $l=5{,}65\sqrt{f}$ (%)	$l=11{,}8\sqrt{f}$ (%)	$l=$ Gesamte Meßlänge (%)	Querschnittsverminderung ψ (%)	Bruchaussehen
1	80	19,93	312,1	200	2 109 800	2530	4350	58	3	37,0	28,2	27,1	61	feinschuppig, …bildung
2		20,03	315,2	200	2 088 300	2440	4350	56	4	38,4	31,7	30,0	59	
3		20,12	318,2	200	2 075 600	2440	4320	56	2	34,9	27,7	26,0	61	
Mittel		—	—	—	2 091 200	2470	4340	57	—	36,8	29,2	27,7	60	
4	81	17,98	254,0	180	2 090 440	2470	4370	57	7	37,6	29,1	28,8	66	Mattgrau, Trichterbildung
5		19,99	314,1	200	2 094 040	2670	4460	60	3	38,3	32,1	29,7	65	
6		19,98	313,6	200	2 090 140	2460	4270	58	2,5	39,8	33,5	29,3	65	
Mittel		—	—	—	2 091 540	2530	4370	58	—	38,6	31,6	29,3	65	

Tabelle 13. Dehnung der Materialproben zu den Stäben 80 und 81 bei stufenweisem Belasten bis zur Streckgrenze.

Probe Nr.	Entnommen aus Stab	Dehnungen in cm 10^{-5} auf 15 cm Meßlänge bei den übergeschriebenen Belastungen in t — Dehnungszunahme für je 500 kg Lastzunahme 0,5	1	1,5	2·	2,5	3	3,5	4	4,5	5	5,5	6	6,5	7	7,5	bleibend 1	bleibend 5	bleibend 6	Querschnitt qcm
1	80	112	114	114	114	115	114	116	115	116	117	115	122	119	134	150	—	7	20	3,12
2		114	117	115	117	115	115	116	118	116	120	118	124	126	146	172	8	34	—	3,15
3		115	115	116	117	115	116	115	115	116	120	116	120	119	127	127	7	27	—	3,18
Mittel		114	115	115	116	115	115	116	116	116	119	116	122	121	136	150	8	23	[20]	—
4	81	Stab 4 ist mit anderen Laststufen geprüft																		2,54
5		121	109	114	117	115	115	114	115	114	116	116	117	120	117	120	3	9	13	3,14
6		124	106	117	114	115	117	116	115	115	119	115	122	122	135	151	1	10	—	3,14
Mittel		122	108	115	116	115	116	115	115	115	117	116	120	121	126	136	2	10	[13]	—

Tabelle 14. Prüfung des Stabes 80 auf der 100-t-Werder-Maschine.

Meßlänge = 25 cm; Querschnitt = 227 qcm.

Belastung Nr.	Beobachtungen für die Meßstrecken (Fig. 46)	Dehnungen des Stabes in $\frac{1}{200000}$ cm bei den folgenden Belastungen in t					Ablesungsrest nach dem Entlasten
		20	40	60	80	100	
1		210	414	618	824	1034	0
2		206	412	616	822	1032	0
3	*A* u. *C*	204	410	616	822	1032	−2
4		206	414	618	826	1032	−2
5		208	416	622	826	1036	0
Mittel		206,8	413,2	618,0	824,0	1033,2	—
1		208	416	624	835	1047	0
2		207	417	623	835	1045	0
3	*B* u. *D*	208	417	626	836	1047	+2
4		210	418	626	835	1049	+3
5		209	417	625	834	1046	+2
Mittel		208,4	417,0	624,8	835,0	1046,8	—
Gesamtmittel λ_m		207,6	415,1	621,4	829,5	1040,0	—
Maschinenfehler in %[1] . .		−0,16	−0,07	+0,07	+0,40	+0,82	—
Richtiggestellte Dehnung λ'_m		207,9	415,4	621,0	826,2	1031,5	—
Dehnungssoll für 1 t $\lambda_s = \frac{\lambda'_m}{P}$		10,40	10,38	10,35	10,33	10,32	—
Mittelwert für $\frac{\Delta\lambda'_m}{P}$		10,36					—
Abweichung der Einzelwerte für $\frac{\Delta\lambda'_m}{P}$ vom Mittel in %. .		+0,39	+0,19	−0,10	−0,29	−0,39	—

Tabelle 15. Prüfungen der Manometer 104 und 125 auf der Wage von Stückrath.

Manometer Nr.	Beobachtungsreihe Nr.	Ablesungen am Manometer in Graden bei den übergeschriebenen Drucken									
	Druck in at	40	80	120	160	200	240	280	320	360	880
	1	31,0	62,7	93,4	124,1	154,2	183,5	212,5	242,1	270,8	285,0
104	2	30,9	62,4	93,4	124,0	154,0	183,3	212,4	241,8	270,6	284,9
	3	30,9	62,6	93,4	124,1	154,1	183,3	212,4	242,0	270,4	284,7
	4	30,9	62,5	93,4	124,1	154,1	183,4	212,3	241,7	270,4	284,6
	Mittel	30,9	62,5	93,4	124,1	154,1	183,4	212,4	241,9	270,6	284,8
	Druck in at	20	40	60	80	100	120	140	160	180	195
	1	31,1	62,5	92,0	123,0	152,9	182,4	211,9	240,9	270,6	292,1
	2	30,6	61,7	92,6	122,7	152,6	182,4	211,4	240,6	270,4	291,9
125	3	31,1	62,3	93,2	122,9	152,7	182,4	212,2	240,9	270,5	291,9
	4	30,9	62,2	92,9	122,8	152,7	182,3	211,7	240,8	270,3	291,8
	5	30,9	62,4	92,8	122,8	152,8	182,4	211,8	240,9	270,7	292,0
	6	30,8	62,2	92,8	122,9	152,8	182,4	211,6	240,8	270,4	291,8
	Mittel	30,9	62,2	92,8	122,9	152,8	182,4	211,8	240,8	270,5	291,9

[1]) Die Maschine zeigt die Last entsprechend den negativen Fehlerwerten zu groß und entsprechend den positiven Werten zu klein an; die beobachteten Dehnungen des Stabes sind demnach um den negativen Fehler zu vergrößern und um den positiven Fehler zu verringern, damit die richtiggestellten Dehnungswerte erhalten werden, die den im Tabellenkopf angegebenen Belastungen zukommen.

Tabelle 16.　Prüfung des Stabes 80 auf der 500-t-Maschine.

Meßlänge = 25 cm; Querschnitt = 227 qcm.

Die Prüfung erfolgte bei zwei verschiedenen Stellungen des Kolbens im Arbeitszylinder der Maschine, gekennzeichnet durch die Länge L des aus dem Zylinder hervorragenden Kolbenteiles (s. erste Spalte).

Kolben-stellung	Belastungs-reihe Nr.	Beobachtung für die Meßstrecken	Dehnungen des Stabes in $\frac{1}{200000}$ cm bei den folgenden Drucken im Arbeitszylinder, abgelesen in Graden am Manometer 104								Ablesungs-rost nach dem Entlasten
			20°	40°	60°	80°	100°	120°	140°	160°	
	1		365	730	1088	1467	1842	2218	2607	3011	+3
	2		362	719	1085	1465	1839	2223	2614	3012	+5
	3	A u. C	363	720	1082	1469	1838	2222	2605	3002	+3
	4		359	724	1083	1460	1840	2221	2600	3000	+2
	5		364	724	1087	1466	1842	2226	2603	3014	+3
	Mittel		362,6	723,4	1085,0	1465,4	1840,2	2222,0	2605,8	3007,8	+3,2
	1		358	717	1072	1438	1813	2181	2565	2961	+3
	2		351	702	1064	1434	1803	2177	2560	2952	−3
L	3	B u. D	360	708	1066	1447	1807	2185	2564	2953	0
$L =$ 25,5 cm	4		352	710	1065	1436	1811	2184	2556	2947	−2
	5		355	708	1068	1438	1814	2188	2558	2960	0
	Mittel		355,2	709,0	1067,0	1438,6	1809,6	2188,0	2560,0	2954,6	−0,4
	Gesamtmittel λ		358,9	716,2	1076,0	1452,0	1824,9	2202,5	2588,2	2981,2	1,4
	Zugkraft	$P_1 = \frac{\lambda}{l} \cdot f \cdot E^1)$in t	34,64	69,13	103,86	140,15	176,15	212,60	249,34	287,76	
		$P = pF - R$ in t	34,91	70,14	105,19	141,00	176,98	213,11	249,86	287,04	
	Unter-schied	$P - P_1$ in t	+0,27	+1.01	+1,33	+0,85	+0,83	−0,51	−0,52	−0,72	
		$\frac{P - P_1}{P_1} \cdot 100$ in %	+0,81	+1,46	+1,28	+0,60	+0,47	−0,24	−0,21	−0,25	
	1		367	728	1092	1468	1850	2228	2619	3019	+7
	2		362	725	1092	1466	1851	2223	2612	3023	+9
	3	A u. C	363	723	1088	1473	1849	2229	2613	3013	+6
	4		365	720	1094	1468	1845	2227	2609	3015	+7
	5		358	724	1091	1469	1844	2224	2610	3012	+3
	Mittel		363,0	724,0	1091,4	1468,8	1847,8	2226,2	2612,6	3016,4	+6,4
	1		355	711	1078	1446	1820	2204	2574	2965	+4
	2		354	715	1074	1441	1825	2187	2567	2973	+5
II.	3	B u. D	358	719	1075	1454	1825	2196	2574	2965	+9
$L =$ 88,3 cm	4		356	709	1073	1443	1813	2178	2567	2964	+4
	5		351	712	1068	1445	1812	2188	2573	2961	0
	Mittel		354,8	713,2	1073,6	1445,8	1819,0	2190,6	2571,0	2965,6	4,4
	Gesamtmittel		359,9	718,6	1082,5	1457,3	1833,4	2208,4	2591,8	2991,0	5,4
	Zugkraft	$P_1 = \frac{\lambda}{l} f \cdot E^1)$ in t	34,74	69,36	104,49	140,67	176,97	213,17	250,17	288,70	
		$P = pF - R$ in t	34,85	70,08	105,13	140,94	176,92	213,05	249,80	286,98	
	Unter-schied	$P - P_1$ in t	+0,11	+0,72	+0,64	+0,27	−0,05	−0,12	−0,37	−1,72	
		$\frac{P - P_1}{P_1} \cdot 100$ in %	+0,32	+1,03	+0,61	+0,18	−0,03	−0,06	−0,15	−0,60	

1) $E = 2\,126\,100$ kg/qcm (s. S. 38).

Tabelle 17. Prüfung des Stabes 81 auf der 500-t-Maschine.

Meßlänge = 25 cm; Querschnitt = f 113 qcm.
Die Länge L des aus dem Zylinder hervorragenden Kolbenteiles betrug 25 cm.

Belastungs-reihe Nr.	Beobachtung für die Meßstrecken (s. Fig. 47)	Dehnungen des Stabes in $\frac{1}{200\,000}$ cm bei den folgenden Druckstufen, abgelesen in Graden am Manometer 125								Ablesungs-rest nach dem Entlasten
		20°	40°	60°	80°	100°	120°	140°	106°	
1		340	702	1081	1451	1830	2209	2596	2990	+7
2		335	709	1073	1447	1820	2206	2597	2984	+1
3	A u. C	344	703	1084	1451	1828	2216	2600	2994	+5
4		345	703	1082	1451	1821	2208	2597	2985	+3
5		341	704	1078	1450	1821	2211	2598	2984	+2
Mittel		341,0	704,2	1079,6	1450,0	1824,0	2210,0	2597,6	2987,4	
1		340	699	1077	1444	1822	2194	2578	2972	+4
2		333	695	1067	1436	1807	2192	2579	2965	—1
3	B u. D	338	696	1072	1440	1812	2200	2583	2976	+2
4		346	699	1077	1446	1812	2197	2585	2972	+6
5		338	700	1072	1440	1809	2197	2580	2966	±0
Mittel		339,0	697,8	1073,0	1441,2	1812,4	2196,0	2581,0	2970,2	
Gesamtmittel λ		340,0	701,0	1076,3	1445,6	1818,2	2203,0	2589,3	2978,8	
Zug-kraft	$P_1 = \frac{\lambda}{l} \cdot f \cdot E$[1] in t	16,34	33,68	51,72	69,46	87,35	105,85	124,42	143,13	
	$P = p \cdot F - R$ in t	16,53	34,46	52,15	70,18	88,40	106,88	125,40	143,99	
Unter-schied	$P - P_1$ in t	0,19	0,78	0,43	0,72	1,05	1,03	0,98	0,86	
	$\frac{P - P_1}{P_1} \cdot 100$ in %	1,16	2,32	0,83	1,04	1,20	0,98	0,79	0,60	

[1] $E = 2\,126\,100$ kg/qcm (s. S. 38).

Tabelle 18. Prüfung des Stabes 80 auf der 3000-t-Maschine.

Meßlänge = 25 cm.

Belastungs-reihe Nr.	Beobachtung für die Meßstrecke	Dehnungen des Stabes in $\frac{1}{200\,000}$ cm bei den folgenden Drucken im Zylinder, abgelesen in Graden am Manometer 211 und nach Tab. 11 umgerechnet in at											Ablesungs-rest nach dem Entlasten
	Grade at = p	10 3,195	20 6,389	30 9,584	40 12,840	50 16,105	60 19,370	70 22,566	80 25,798	90 28,928	100 32,228	110 35,562	
1		216	460	719	1001	1254	1529	1784	2056	2320	2575	2851	—12
2		210	468	716	995	1249	1529	1783	2054	2319	2573	2848	— 5
3	A u. C	207	473	731	1004	1261	1537	1792	2060	2325	2591	2863	+ 4
4		220	479	727	1007	1256	1525	1786	2052	2315	2569	2845	— 8
5		225	482	736	1012	1261	1541	1799	2069	2330	2592	2864	+ 1
Mittel		215,6	472,4	725,8	1003,8	1256,2	1532,2	1788,8	2058,2	2321,8	2580,0	2854,2	
1		220	469	728	1011	1264	1541	1798	2075	2338	2601	2878	+13
2		218	476	725	1003	1257	1538	1797	2066	2330	2593	2869	+10
3	B u. D	225	474	733	1008	1263	1541	1800	2069	2337	2606	2877	+12
4		220	480	729	1010	1260	1536	1797	2064	2328	2594	2864	+ 4
5		228	486	737	1017	1271	1550	1807	2081	2343	2607	2881	+11
Mittel		222,2	447,0	730,4	1009,8	1263,0	1541,2	1799,8	2071,0	2335,2	2600,2	2878,8	
Gesamtmittel λ		218,9	474,7	728,1	1006,8	1259,6	1536,7	1794,3	2064,6	2328,5	2590,1	2864,0	
Zug-kraft	$P_1 = \frac{\lambda}{l} \cdot f \cdot E$ in t	21,13	45,82	70,28	97,18	121,58	148,33	173,19	199,29	224,76	250,02	276,45	
	$P = p \cdot F - R$ in t	20,63	45,92	71,22	97,00	122,85	148,70	174,01	199,20	224,38	250,43	276,91	
Unter-schied	$P - P_1$ in t	—0,50	+0,10	+0,94	—0,18	+1,27	+0,37	+0,81	—0,09	—0,38	+0,41	+0,46	
	$\frac{P - P_1}{P_1} \cdot 100$ in %	—2,47	+0,22	+1,29	—0,19	+1,05	+0,25	+0,46	—0,05	—0,17	+0,16	+0,17	

Tabelle 19. Stauchung der Spindeln der 3000-t-Maschine bei wachsender 71
Zugbelastung am Probestabe 80.

Meßlänge = 60 cm.

Nr. Belastungsreihe	Zimmerwärme in °C bei Beginn	am Ende der Belastungsreihe	Stauchung der Spindeln in $\frac{1}{200\,000}$ cm bei den folgenden Zugbelastungen P_1 in t am Probestab (s. Tabelle 18) 21,13	45,82	70,58	97,18	121.58	148,33	173,19	199,29	224,76	250,02	276,45	Ablesungsrest nach dem Entlasten
							I. Untere Spindel.							
1	15,33	16,30	37	75	138	182	218	264	300	336	375	412	453	65
2	16,70	16,72	32	65	105	144	186	228	265	297	335	372	409	16
3	17,10	17,40	29	57	96	135	173	210	250	287	326	363	401	8
4	17,40	18,12	31	70	105	147	184	224	264	300	340	374	414	22
5 ·	18,10	18,40	34	66	103	143	179	218	257	302	341	377	414	29
Mittel	—	—	31,5	64,5	102,2	142,2	180,5	220,0	259,0	296,5	338,0	371,5	409,5	
							II. Obere Spindel.							
1	13,60	14,50	102	144	170	210	262	296	340	372	402	437	471	+128
2	14,62	15,11	25	62	94	130	162	196	228	272	309	336	369	− 8
3	14,91	15,17	38	70	99	132	169	205	242	281	315	356	397	+ 46
4	—	15,21	43	79	113	148	184	201	235	276	321	356	399	+ 50
5	14,94	15,05	17	48	83	114	156	196	234	261	303	334	377	+ 11
Mittel	—	—	30,8	64,7	97,3	141,0	167,8	199,5	234,8	272,5	312,0	345,5	385,5	
							III. Summe für beide Spindeln.							
1			139	219	308	392	480	560	640	708	777	849	924	193
1			57	127	199	274	348	424	493	569	644	708	778	8
3	—		67	127	195	267	342	415	492	568	641	719	798	54
4			74	149	218	295	368	425	499	576	661	730	813	72
5			51	114	186	257	335	414	491	563	644	711	791	40

Tabelle 20. Prüfung des Stabes 81 auf der 3000-t-Maschine.

Meßlänge = 25 cm.

Belastung Nr.	Beobachtung für die Meßstelle Grade at = p	Dehnungen des Stabes in $\frac{1}{200\,000}$ cm bei den folgenden Druckstufen, abgelesen in Graden am Manometer 211 und nach Tabelle 11 umgerechnet in at											Ablesungsrest nach dem Entlasten
		5 / 1,60	10 / 3,20	15 / 4,79	20 / 6,39	25 / 7,99	30 / 9,58	35 / 11,21	40 / 12,84	45 / 14,47	50 / 16,11	55 / 17,74	
1		162	462	731	992	1241	1485	1780	2040	2293	2548	2841	+ 2
2		163	459	728	987	1240	1483	1778	2042	2298	2553	2836	+ 2
3	A u. C	163	460	731	889	1238	1489	1786	2045	2300	2549	2839	0
4		165	466	730	979	1238	1484	1778	2036	2291	2538	2832	−12
5		172	474	737	996	1245	1495	1792	2053	2304	2558	2848	+ 5
Mittel		165,0	464,2	731,4	988,6	1239,4	1487,2	1782,8	2043,2	2297,2	2549,2	2839,2	—
1		166	466	734	995	1244	1491	1789	2049	2302	2555	2849	+ 1
2		168	463	733	992	1246	1489	1784	2050	2304	2559	2844	+ 2
3	B u. D	166	468	737	1006	1247	1499	1796	2054	2308	2557	2850	0
4		167	474	738	989	1248	1497	1793	2052	2307	2555	2851	− 1
5		171	475	738	1000	1247	1497	1794	2056	2308	2565	2853	+ 4
Mittel		167,6	469,2	736,0	996,4	1246,4	1494,6	1791,2	2052,2	2305,8	2558,2	2849,4	—
Gesamtmittel λ_m		166,3	466,7	733,7	992,5	1242,9	1490,9	1787,0	2047,7	2301,5	2553,7	2844,3	—
Zugkraft $P_1 = \frac{\lambda}{l} f \cdot E$ in t		7,99	22,42	35,25	47,69	59,72	71,64	85,87	98,39	110,59	122,70	136,67	
$P = pF - R$ in t		7,98	20,63	33,28	45,92	58,57	71,22	84,07	97,00	109,93	122,85	135,78	
Unterschied $P - P_1$ in t		−0,01	−1,79	−1,97	−1,77	−1,15	−0,42	−1,80	−1,39	−0,66	+0,15	−0,89	—
$\frac{P-P_1}{P_1} \cdot 100$ in%		−0,13	−8,00	−5,59	−3,71	−1,93	−0,59	−2,30	−1,41	−0,57	+0,12	−0,65	

Tabelle 21. Prüfung des Stabes 81 auf der 3000-t-Maschine.

Meßlänge = 25 cm.

Belastung Nr.	Beobachtung für die Meßstrecke	Dehnungen des Stabes in $\frac{1}{200000}$ cm bei den folgenden Druckstufen, abgelesen in Graden am Manometer 951 und nach Tab. 11 umgerechnet in at											Ablesungsrest nach dem Entlasten
	Grade at $= p$	10 1,57	20 3,21	30 4,58	40 6,50	50 8,18	60 9,85	70 11,53	80 13,20	90 14,88	100 16,56	110 18,24	
1		150	422	684	953	1239	1506	1787	2061	2334	2603	2869	+12
2		151	420	687	952	1241	1506	1791	2059	2328	2601	2871	+10
3	A u. C	147	416	682	952	1236	1503	1791	2057	2325	2600	2870	+ 8
4		143	412	673	944	1230	1490	1778	2046	2316	2587	2859	+ 3
5		142	410	673	938	1221	1488	1771	2042	2308	2579	2854	—17
Mittel		147	416	680	948	1233	1499	1784	2053	2322	2594	2865	
1		148	418	682	951	1237	1508	1784	2059	2334	2602	2871	+ 4
2		152	420	685	954	1240	1507	1794	2063	2331	2606	2878	+ 9
3	B u. D	146	420	683	954	1237	1504	1794	2062	2331ʰ	2604	2873	+ 5
4		148	419	682	951	1239	1506	1786	2059	2329	2601	2872	+ 2
5		150	423	687	954	1240	1507	1793	2060	2332	2607	2881	+ 7
Mittel		149	420	684	953	1239	1506	1790	2061	2331	2604	2875	
Gesamtmittel . . .		147,7	418,0	681,8	950,3	1236,0	1502,5	1786,9	2056,8	2826,8	2599,0	2869,8	
Zugkraft $P_1 = \frac{\lambda}{l} \cdot f \cdot E$ in t		7,10	20,08	32,76	45,66	59,39	72,19	85,86	98,83	111,80	124,88	137,89	
Zugkraft $P = p \cdot F - R$ in t		6,99	19,91	32,73	45,97	59,26	72,55	85,81	99,07	112,33	125,64	138,95	
Unterschied $P - P_1$ in t . .		—0,11	—0,17	—0,03	+0,31	—0,13	+0,36	—0,05	+0,24	+0,53	+0,76	+1,06	·
Unterschied $\frac{P-P_1}{P_1} \cdot 100$ in %		—1,55	—0,85	—0,09	+0,68	—0,22	+0,50	—0,06	+0,24	+0,47	+0,60	+0,77	

Tabelle 22. Stauchung der Spindeln der 3000-t-Maschine bei Prüfung des Zug-Stabes 81.

Meßlänge = 60 cm.

Belastung Nr.	Bezeichnung der Spindel	Stauchungen der Spindeln in $\frac{1}{200000}$ cm bei den folgenden Druckstufen, abgelesen in Graden am Manometer 211 und nach Tab. 11 umgerechnet in at											Ablesungsrest nach dem Entlasten
		5 1,60	10 3,20	15 4,79	20 6,39	25 7,99	30 9,58	35 11,21	40 12,84	45 14,47	50 16,11	55 Grad 17,75 at	
1		7	24	37	51	65	87	108	130	146	163	182	— 6
2		7	25	37	54	69	83	101	119	139	157	175	—14
3		4	22	38	54	70	87	109	127	144	161	180	—12
4	untere	7	24	40	56	75	93	114	132	150	167	188	+11
5		13	32	45	59	76	93	113	133	150	169	189	+ 3
Mittel		7,6	25,4	39,4	54,8	71,0	88,6	109,0	128,2	145,8	163,4	182,8	—
1		9	26	42	59	70	88	108	122	139	156	175	— 1
2		10	25	42	58	73	88	108	122	140	—	178	+ 8
3		14	34	51	67	84	99	117	133	148	163	182	+10
4	obere	16	38	54	71	87	101	121	138	155	171	192	+16
5		20	40	55	69	84	98	118	137	150	167	187	+10
Mittel		13,8	32,6	48,8	64,8	79,6	94,8	114,4	130,4	146,4	164,2	182,8	—
Gesamtmittel . . .		10,7	29,0	44,1	59,8	75,3	91,8	111,7	129,3	146,1	163,8	182,8	—
Zugkraft $P_1 = \frac{\lambda}{l} \cdot f \cdot E$ in t		7,28	19,72	30,00	40,67	51,21	62,43	75,97	87,94	99,36	111,40	124,32	—
Zugkraft $P = p \cdot F - R$ in t		7,98	20,63	33,28	45,92	58,57	71,22	84,07	97,00	109,73	122,85	135,75	—
Unterschied $P - P_1$ in t . .		+0,70	+0,91	+3,28	+5,25	+7,36	+8,79	+8,10	+9,06	10,57	11,45	11,43	—
Unterschied $\frac{P-P_1}{P_1} \cdot 100$ in %		+9,6	+4,6	+10,9	+12,9	+14,4	+14,1	+10,7	+10,3	+10,6	+10,3	+9,2	—

Tabelle 23. Zugversuche mit Materialproben aus einzelnen Teilen der 3000-t-Maschine.

Stab Nr.	Materialzeichen Nr.	Charge Nr.	Proben entnommen aus	Durchmesser d mm	Querschnitt f qmm	Dehnungszahl $\frac{1}{\alpha} = E$	P-Grenze σ_P	Streckgrenze σ_S	Bruchgrenze σ_B	$\frac{\sigma_S}{\sigma_B} 100$	$l=5{,}65\sqrt{f}$ =100 mm	$l=11{,}3\sqrt{f}$ =200 mm	$l=200$ mm	Querschnittsverminderung
1	1	9885/86	Muffen	20,03	314,9	2 065 000	1910	2540	5260	48	29,8	23,0	22,4	55
2	2			20,04	315,3	2 055 000	1740	2730	5150	53	29,4	22,6	21,9	55
3	3			19,97	313,1	2 075 000	1760	2560	5300	48	29,4	22,0	21,8	53
Mittel				—	—	2 065 000	1800	2610	5240	50	29,5	22,5	22,0	54
4	12	9776	Zugstange	20,12	317,8	2 065 000	1570	2440	4910	50	32,9	25,4	25,3	55
5	13			20,10	217,0	2 110 000	1580	2390	4890	49	30,6	23,6	23,0	59
6	14			20,00	314,0	2 105 000	2230	2760	4990	56	31,8	23,3	23,2	61
Mittel				—	—	2 093 000	1790	2530	4930	52	31,8	24,1	23,8	58
7	23	4854		20,05	315,6	2 055 000	1580	2280	4750	48	30,8	23,9	23,8	55
8	24			20,10	317,0	2 115 000	1890	2490	4860	51	33,4	26,1	23,4	58
9	25			20,10	317,0	2 095 000	1890	2400	5040	48	30,8	24,8	24,7	57
Mittel				—	—	2 088 000	1790	2390	4880	49	31,7	24,9	24,0	57
Gesamtmittel				—	—	2 090 500	1790	2460	4910	51	31,8	24,5	23,9	58
10	29	10 896	Spindel	20,00	314,0	2 060 000	1430	2360	4900	48	32,0	25,4	25,4	54
11	30			20,10	317,0	2 100 000	1580	2460	4940	50	33,1	25,9	25,8	57
12	31			20,10	317,0	2 100 000	1890	2520	4940	51	32,4	25,6	25,3	57
Mittel				—	—	2 087 000	1680	2450	4930	50	32,5	25,6	25,5	56
13	34	9942		19,97	313,1	2 055 000	1440	2630	4680	56	32,3	24,9	24,3	60
14	35			20,10	317,0	2·120 000	1890	2660	4750	56	33,8	26,8	25,7	61
15	36			20,10	317,0	2 110 000	2530	3060	4910	62	33,2	28,0	27,7	60
Mittel				—	—	2 095 000	1950	2780	4780	58	33,1	26,6	25,9	60
16	44	9996		20,05	315,6	2 070 000	1580	2960	5810	51	28,3	24,1	24,0	51
17	45			20,00	314,0	2 085 000	1590	3010	5960	51	26,2	20,5	20,4	53
18	46			20,10	317,0	2 020 000	1580	2970	5870	51	26,8	20,0	20,0	55
Mittel				—	—	2 058 000	1580	2980	5880	51	27,1	21,5	21,5	53
19	54	9953		19,95	312,4	2 075 000	1280	2660	5430	49	30,9	22,4	22,3	54
20	55			20,01	317,0	2 090 000	1580	2740	5440	51	32,0	24,4	24,3	54
21	56			20,01	317,0	2 055 000	1740	2670	5430	49	30,6	23,6	23,6	56
Mittel				—	—	2 073 000	1530	2690	5430	50	31,2	23,5	23,4	55
Gesamtmittel				—	—	2 078 250	1670	2780	5260	52	31,0	24,3	24,1	56

Tabelle 24.

Dehnung der Zugstange der 3000-t-Maschine bei Prüfung des Zugstabes 81.

Meßlänge = 40 cm; Stabquerschnitt = 1388 qcm.

Elastizitätsmodul E = 2 090 500 kg/qcm.

Belastung Nr.	Dehnung der Zugstange in $\frac{1}{200000}$ cm bei den folgenden Druckstufen, abgelesen in Graden am Manometer 951 und nach Tab. 11 umgerechnet in at											Ablesungsrest nach d. Entlast.
	10 1,57	20 3,21	30 4,83	40 6,50	50 8,18	60 9,85	70 11,53	80 13,20	90 14,88	100 16,56	110 Grad 18,24 at	
1	20	57	91	127	165	204	237	273	310	343	378	+7
2	22	56	91	128	164	201	238	273	309	345	380	+6
3	21	55	91	126	163	199	238	272	308	344	378	+5
4	20	57	90	125	161	197	235	269	306	341	378	+4
5	20	55	90	125	164	198	236	270	305	340.	375	+1
Mittel für λ	20,6	56,0	90,6	126,2	163,4	199,8	236,8	271,4	307,6	342,6	377,8	—
Zugkraft $P_1 = \frac{\lambda}{l} f \cdot E$ in t	7,47	20,30	32,85	45,76	59,24	72,44	85,86	98,41	111,54	124,23	136,97	
$P = p F - R$ in t	6,99	19,91	32,73	45,97	59,26	72,55	85,81	99,07	112,33	125,64	138,95	
Unterschied $P - P_1$ in t	−0,48	−0,39	−0,12	+0,21	+0,02	+0,11	−0,05	+0,66	+0,79	+1,41	+1,98	
$\frac{P - P_1}{P_1}$ 100 in %	−0,64	−1,92	−0,34	+0,46	+0,03	+0,15	−0,06	+0,67	+0,71	+1,13	+1,45	

Tabelle 25. Ermittlung der Belastungen aus den Dehnungen λ der Zugstange der Maschinen und den Wasserdrucken p in at im Zylinder bei Prüfung des Stabes 70.

Querschnitt der Stange: f = 1388 qcm; Elastizitätsmodul des Stangenmaterials: E = 2 090 500 kg/qcm; für die Ermittlung der Dehnungen λ: Meßlänge l = 40 cm; Reibungswiderstand beim Leerlauf der Maschine: R = 7068 kg; Kolbenquerschnitt F = 7918 qcm.

Bedeutung der Werte			Druckstufen in at = p, errechnet aus den Ablesungen in Graden an										
			Manometer 211								123		
			3,195	13,17	26,07	38,57	51,80	63,07	76,49	89,16	89,11	102,00	114,15
Dehnungen λ der Zugstange in $\frac{1}{200000}$ cm, beobachtet bei der	Anfangsbelastung in at		0	3,195							—		
	Reihe Nr.	1	Mittel	216	489	753	1025	1293	1560	1841	1850	2121	2386
		2	aus	213	488	753	1026	1290	1560	1840	—	2117	2383
		3	15 Be-	211	486	753	1028	1296	1566	1848	—	2124	2391
		4	obach-	211	487	753	1027	1296	1565	1847	—	2122	2391
		5	tungen	209	484	751	1027	1296	1565	—	—	2128	2394
	Mittelwerte		59,0	212,0	486,6	752,6	1026,6	1294,2	1563,2	1844,0	[1850,0]	2122,4	2389,2
Zugbelastungen in t	$P_1 = \frac{\lambda}{l} \cdot f \cdot E$	Einzelwerte	21,4	76,89	176,56	272,97	372,35	469,41	566,98	668,82	671,00	769,80	866,57
		Gesamt	—	98,29	197,96	294,37	393,75	490,81	588,38	690,22	692,40	791,20	887,97
	$P = p \cdot F - R$		18,23	97,18	199,32	298,34	399,15	497,08	598,59	698,90	698,53	800,59	896,73
Unterschied	$P - P_1$ in t		—	−1,11	+1,36	+3,97	+5,40	+6,27	10,21	+8,68	+6,13	+9,39	+8,76
	$\frac{P - P_1}{P_1} \cdot 100$ in %		—	−1,13	+0,69	+1,35	+1,37	+1,28	+1,74	+1,25	+0,89	+1,19	+0,99

Tabelle 26. **Längenänderungen λ_b, gemessen über den Stoß an den Stegblechen.**
Die Stoßstelle lag in Mitte der Meßlänge; die Beobachtungen begannen mit 21,40 t
Anfangsbelastung.

Belastungs-reihe Nr.	Nr. und Lage der Meßstelle	Gemessen am Stegblech (s. Fig. 58)	Längenzunahme λ_b in $\frac{1}{100\,000}$ cm bei den folgenden Belastungen in t									
			98,29	197,96	294,37	393,75	490,81	588,38	690,22	692,40	791,20	887,97
			**Steg (Seite) A des Stabes.**									
1			176	404	858	2496	4276	6015	—	8391	9 626	11 497
2	1		175	402	908	2686	4580	6225	—	—	9 871	—
3	oben		175	402	924	2767	4675	6344	—	—	10 073	—
4			—	—	—	—	—	6425	—	—	—	—
Mittel		äußeres	175	403	897	2650	4510	6252	—	(8391)	9 858	(11 497)
1			272	811	1680							
2	9		288	861	1788	—	—	—	—	—	—	—
3	unten		290	881	1848							
Mittel			283	851	1772	—	—	—	—	—	—	—
Gesamtmittel			229	627	1335	—	—	—	—	—	—	—
1			189	438	946	2599	4529	6176	7845	8 523	9 841	11 687
2	2		189	446	990	2809	4754	6426	—	—	10 094	—
3	oben		187	447	1008	2900	4836	6566	—	—	10 285	—
4			—	—	—	—	—	6646	—	—	—	—
Mittel		inneres	188	444	981	2769	4703	6454	(7845)	(8523)	10 064	(11 687)
1			270	815	1658	4016	6196					
2	10		286	851	1746	4256	6486	—	—	—	—	—
3	unten		288	869	1802	4397	6646					
Mittel			281	845	1735	4223	6443	—	—	—	—	—
Gesamtmittel			285	645	1358	3496	5573	—	—	—	—	—
			**Steg (Seite) B des Stabes.**									
1			96	270	539	1360	3385	—	7015	7592	9119	—
2	5		93	269	551	1611	3647	5445	7354	—	9474	—
3	oben		92	268	557	1722	3768	5605	—	—	9664	—
4			—	—	—	—	—	5709	—	—	—	—
Mittel		äußeres	94	269	549	1564	3600	5586	7185	(7592)	9419	—
1			106	382	980							
2	12		108	400	1030	—	—	—	—	—	—	—
3	unten		110	409	1067							
Mittel			108	397	1026	—	—	—	—	—	—	—
Gesamtmittel			101	333	788	—	—	—	—	—	—	—
1			90	245	455	1049	2905	4614	6389	6937	8438	—
2	6		87	243	460	1237	3131	4866	6697	—	8783	—
3	oben		86	241	461	1313	3233	5000	—	—	8977	—
4			—	—	—	—	—	5105	—	—	—	—
Mittel		inneres	88	243	459	1200	3090	4896	6543	(6937)	8733	—
1			142	478	1120	2988	5349					
2	13		146	502	1184	3479	5589	—	—	—	—	—
3	unten		150	517	1223	3640	5708					
Mittel			146	499	1176	3369	5549	—	—	—	—	—
Gesamtmittel			117	371	818	2285	4320	—	—	—	—	—

Tabelle 27. Bleibende Längungen, gemessen über den Stoß an den Stegblechen.

Die Stoßstelle lag in Mitte der Meßlängen. Die Beobachtungen begannen mit 21,40 t Anfangsbelastung; auf sie wurde auch stets wieder entlastet.

Belastungsreihe Nr.	Nr. und Lage der Meßstelle	auf Seite	am Stegblech (s. Fig. 58)	Bleibende Längung in $\frac{1}{100\,000}$ cm nach den folgenden Belastungen in t								
				98,29	197,06	294,37	393,75	490,81	588,88	690,22	791,20	887,97
1	1	A	äußeres	16	22	146	1361	2708	3759	4747	5964	7159
2	oben			16	25	156	1455	2867	3909	4941	6129	7339
3				—	—	—	—	—	4018	—	—	—
Mittel				16	24	151	1408	2788	3865	4844	6047	7249
1	9			90	367	912						
2	unten			94	389	990	—	—	—	—	—	—
3				—	—	—						
Mittel				92	378	951	—	—	—	—	—	—
Gesamtmittel				54	201	551	—	—	—	—	—	—
1	2		inneres	21	33	200	1452	2783	3839	4859	6126	7394
2	oben			21	38	213	1557	2943	4001	5068	6316	7609
3				—	—	—	—	—	4119	—	—	—
Mittel				21	36	207	1505	2863	3986	4964	6221	7502
1	10			94	369	902	2930	4505	5971			
2	unten			102	391	962	3070	4719	6269	—	—	—
3				—	—	—	—	—	6469			
Mittel				98	380	932	3000	4612	6236	—	—	—
Gesamtmittel				60	208	570	2253	3738	5111	—	—	—
1	5	B	äußeres	−2	16	88	634	1900	3049	4249	5595	7284
2	oben			0	17	91	725	2059	3271	4469	5823	7524
3				—	—	—	—	—	3399	—	—	—
Mittel				−1	17	90	680	1980	3240	4359	5709	7409
1	12			−7	81	300						
2	unten			6	87	328	—	—	—	—	—	—
3				—	—	—						
Mittel				−1	84	314	—	—	—	—	—	—
Gesamtmittel				−1	51	202	—	—	—	—	—	—
1	6		inneres	−2	4	33	310	1347	2401	3565	4891	6658
2	oben			−4	4	37	352	1481	2602	3763	5122	6971
3				—	—	—	—	—	2715	—	—	—
Mittel				−3	4	35	331	1414	2573	3664	5007	6815
1	13			+9	121	404	2125	3711	4780	6060		
2	unten			20	129	440	2320	3870	4972	6112	—	—
3				—	—	—	. —	—	5110	—		
Mittel				15	125	422	2223	3791	4954	6086	—	—
Gesamtmittel				6	65	229	1277	2603	3764	4875	—	—

Tabelle 27, 28.

Tabelle 28. Dehnungen λ_i der Laschen.

Die Stoßstelle der Stegbleche lag gegenüber der Mitte der Meßlänge; die Beobachtungen begannen mit 21,40 t Anfangsbelastung.

Belastungs-reihe Nr.	Nr. und Lage der Meßstellen	Gemessen an der Lasche (s. Fig. 58)	Dehnungen λ_i in $\frac{1}{100000}$ cm bei den folgenden Belastungen in t									
			96,29	197,98	294,37	393,75	490,81	588,38	690,22	692,40	701,20	887,97
Seite A des Stabes.
1			82	170	236	283	387	498	642	656	813	1007
2			79	165	229	282	385	501	649	—	821	1022
3	3		78	161	225	278	382	502	—	—	827	1028
4	oben		—	—	—	—	—	502	—	—	—	—
Mittel			80	165	230	281	385	501	646	(656)	820	1019
1		f innere	94	223	346	476	612	748	897	896	1130	1559
2	11		98	225	348	476	616	748	897	—	1139	1607
3	unten		98	225	354	481	616	748	—	—	1133	—
4			—	—	—	—	—	748	—	—	—	—
Mittel			97	224	349	478	615	748	897	(896)	1134	1583
Gesamtmittel			88	195	290	379	500	624	771	776	977	1301
1	15		89	219	409	537	656	886	1293	1373	2023	3383
2	in der		89	221	415	531	666	897	1353	—	2133	3623
3	Mitte	e äußere	89	221	418	526	665	901	—	—	2175	3738
4	(auf hal-		—	—	—	—	—	900	—	—	—	—
Mittel	ber Höhe)		89	220	414	531	662	896	1323	(1373)	2110	3581
Seite B des Stabes.
1			61	144	239	340	450	582	730	748	903	1103
2			56	144	236	334	457	589	741	—	902	1130
3	7		56	141	234	333	458	590	—	—	904	1134
4	oben		—	—	—	—	—	590	—	—	—	—
Mittel			58	143	236	336	455	588	736	(748)	903	1122
1		f innere	68	174	276	388	497	628	776	792	972	1372
2	14		70	174	274	387	499	634	787	—	992	1450
3	unten		70	175	277	392	500	636	—	—	1004	1473
4			—	—	—	—	—	638	—	—	—	—
Mittel			69	174	276	389	499	634	782	(792)	989	1432
Gesamtmittel			64	159	256	362	477	611	759	770	946	1277
1	16		79	201	331	426	559	771	1155	1180	1735	2873
2	in der		81	200	330	418	561	778	1171	—	1782	3075
3	Mitte	e äußere	81	200	329	411	561	778	—	—	1805	3144
4	(auf hal-		—	—	—	—	—	773	—	—	—	—
Mittel	ber Höhe)		80	200	330	418	560	775	1163	(1180)	1774	3031

Tabelle 29. Bleibende Längungen der Laschen.

Die Stoßstelle der Stegbleche lag gegenüber der Mitte der Meßlängen; die Beobachtungen begannen mit 21,40 t Anfangsbelastung; auf sie wurde auch stets wieder entlastet.

Be-lastungs-reihe Nr.	Nr. und Lage der Meßstelle	Gemessen auf Seite	an der Lasche (s. Fig. 58)	Bleibende Längung in $\frac{1}{100\,000}$ cm nach den folgenden Belastungen in t								
				98,29	197,96	294,37	393,75	490,81	588,38	690,22	791,20	887,97
1				−4	−18	−69	−143	−137	−125	−95	−46	+32
2	3			−4	−19	−74	−146	−141	−123	−94	−41	+39
3	oben			—	—	—	—	—	−123	—	—	—
Mittel				−4	−19	−72	−145	−139	−124	−95	−44	+36
1			*f* innere	−2	3	4	12	15	27	50	130	448
2	11			−2	3	6	14	21	29	48	132	468
3	unten	*A*		—	—	—	—	—	29	—	—	—
Mittel				−2	3	5	13	18	28	49	131	458
Gesamtmittel				−3	−8	−34	−66	−61	−48	−23	+44	+247
1				3	16	55	13	6	93	399	1002	2293
2	15		*e* äußere	3	17	58	12	5	97	424	1080	2443
3	auf hal-ber Höhe			—	—	—	—	—	99	—	—	—
Mittel				3	17	57	13	6	96	412	1041	2368
1				−5	−7	− 8	−65	−103	−98	−73	−35	+53
2	7			−6	−7	−10	−72	−102	−95	−72	−35	+57
3	oben			—	—	—	—	—	−94	—	—	—
Mittel				−6	−7	− 9	−69	−103	−96	−73	−35	+55
1			*f* innere	5	−5	−26	−33	−23	−4	+28	+112	+431
2	14			2	−5	−28	−34	−22	−2	+34	+120	+455
3	unten	*B*		—	—	—	—	—	0	—	—	—
Mittel				4	−5	−27	−34	−23	−2	+31	116	443
Gesamtmittel				−1	−6	−18	−52	−63	−49	−21	+41	+249
1				4	9	11	−31	−19	+71	+335	805	1876
2	16		*e* äußere	6	8	11	−39	−19	+73	+349	844	1995
3	auf hal-ber Höhe			—	—	—	—	—	+75	—	—	—
Mittel				5	9	11	−35	−19	+73	342	825	1936

Tabelle 30.
Verschiebungen der inneren, gestoßenen Stegbleche gegen die innere Lasche.

Die Meßstellen lagen in den Querschnitten mit den äußersten Nieten. Die Verschiebungen der Stegblechteile nach dem benachbarten Ende der Lasche hin sind als positiv bezeichnet.

Belastungsreihe Nr.	Nr. und Lage der Meßstelle	Lage der Meßstelle zum Stoß (s. Fig. 57)	Verschiebung in $\frac{1}{5000}$ cm bei den folgenden Belastungen in t									
			08,29	197,96	294,87	893,75	490,81	588,38	690,22	692,40	791,20	887,97
		Seite A des Stabes.										
1			4	13	29	54	101	138	170	180	210	360
2	17		5	15	30	61	108	140	180	—	320	370
3	oben		5	17	30	65	110	147	—	—	320	370
4		rechts, nach dem Kolben der Maschine hin	—	—	—	—	—	150	—	—	—	—
Mittel			5	15	30	60	106	144	175	(180)	283	366
1			4	19	38	72	123	163	199	208	238	293
2	19		5	20	40	80	129	167	203	—	243	303
3	unten		5	21	42	83	133	173	—	—	248	303
4			—	—	—	—	—	173	—	—	—	—
Mittel			5	20	40	78	128	169	201	(208)	243	300
Gesamtmittel			5	18	35	69	117	157	188	194	263	333
1			5	14	36	100	139	173	213	225	260	310
2	18		5	16	39	105	140	180	220	—	265	320
3	oben		6	17	40	107	145	181	—	—	270	320
4		links, nach dem festen Widerlager hin	—	—	—	—	—	184	—	—	—	—
Mittel			5	16	38	104	141	180	217	(225)	265	317
1			5	16	35	105	158	213	275	305	355	445
2	20		5	17	37	116	166	225	295	—	375	455
3	unten		5	18	39	118	173	231	—	—	385	455
4			—	—	—	—	—	235	—	—	—	—
Mittel			5	17	37	113	166	226	285	(305)	372	452
Gesamtmittel			5	16	38	109	153	203	251	(265)	318	384
		Seite B des Stabes.										
1			3	9	18	42	95	145	194	209	246	297
2	21		4	9	19	51	103	150	204	—	257	309
3	oben		4	9	19	54	107	167	—	—	257	314
4		rechts, nach dem Kolben der Maschine hin	—	—	—	—	—	159	—	—	—	—
Mittel			4	9	19	49	102	153	199	(209)	253	307
1			2	13	28	74	136	183	239	260	293	346
2	23		4	14	30	88	145	192	252	—	302	360
3	unten		4	14	30	92	149	198	—	—	312	362
4			—	—	—	—	—	203	—	—	—	—
Mittel			3	14	29	85	143	194	246	(260)	302	356
Gesamtmittel			4	11	24	67	122	173	222	(285)	278	332
1			1	6	12	28	70	106	142	156	190	245
2	22		1	7	12	33	77	111	150	—	200	255
3	oben		1	8	12	37	79	115	—	—	204	260
4		links, nach dem festen Widerlager hin	—	—	—	—	—	118	—	—	—	—
Mittel			1	7	12	33	75	118	146	(156)	198	253
1			3	12	27	74	115	153	194	210	245	297
2	24		3	13	31	82	123	160	204	—	255	313
3	unten		3	14	33	85	126	163	—	—	261	318
4			—	—	—	—	—	167	—	—	—	—
Mittel			3	18	30	80	121	161	199	(210)	251	309
Gesamtmittel			2	10	21	57	98	137	173	(183)	226	281

Tabelle 31. Änderung der Feldweiten,

d. h. des Abstandes der Stegbleche Seite A und B des Stabes voneinander.

Belastungsreihe Nr.	Nr. und Lage der Meßstellen (s. Fig. 54)	Gemessen im Felde und Art der Formänderung	Änderung der Feldweiten in cm 10^{-4} bei den folgenden Belastungen in t									
			98,29	197,96	294,87	393,75	490,81	588,38	690,22	692,40	791,20	887,97
1			22	30	22	42	60	80	82	106	24	−220
2	27		20	24	20	54	78	92	82	—	6	−260
3	oben		20	20	18	60	84	100	—	—	6	−276
4			—	—	—	—	—	108	—	—	—	—
Mittel		Feld I Gesamt	21	25	20	52	74	95	82	(106)	12	−252
1			−6	−2	18	24	−6	−28	−42	−52	+38	350
2	28		−8	+10	34	10	−24	−48	−42	—	54	374
3	unten		−6	16	36	2	−28	−66	—	—	70	414
4			—	—	—	—	—	−70	—	—	—	—
Mittel			−7	8	29	12	−19	−58	−42	(−52)	54	379
Gesamtmittel			7	16	25	32	27	21	20	27	33	64
1			2	−4	−20	0	20	36	30	—	−42	−328
2	27		0	−10	−26	6	30	44	42	—	−44	−340
3	oben		—	—	—	—	—	56	40	—	—	—
Mittel		Feld I bleibend	1	−7	−23	3	25	45	37	—	−43	−334
1			10	14	46	18	− 8	−42	−36	—	+54	394
2	28		10	30	50	14	−24	−54	−42	—	70	434
3	unten		—	—	—	—	—	−66	−46	—	—	—
Mittel			10	22	48	16	−16	−54	−41	—	62	414
Gesamtmittel			6	8	18	10	5	− 4	− 2	—	10	40
1			4	− 4	−30	−58	−66	−120	−208	−220	−424	−738
2	25		0	−10	−38	−56	−60	−120	−216	—	−444	−774
3	oben		0	−14	−38	−54	−60	−120	—	—	−456	−782
4			—	—	—	—	—	−120	—	—	—	—
Mittel		Feld II Gesamt	1	− 9	−35	−56	−62	−120	−212	(−220)	−441	−765
1			−14	−40	−82	−100	−82	−180	−360	−382	−678	−1204
2	26		−18	−50	−88	−78	−60	−174	−378	—	−700	−1242
3	unten		−18	−52	−90	−68	−58	−168	—	—	−716	−1266
4			—	—	—	—	—	−164	—	—	—	—
Mittel			−17	−47	−87	−82	−67	−172	−369	(−382)	−698	−1237
Gesamtmittel			− 8	−28	−61	−69	−64	−146	−291	−301	−570	−1001
1			−2	−16	−38	−46	−40	−90	−176	—	−404	−758
2	25		−4	−20	−40	−42	−38	−92	−178	—	−418	−778
3	oben		—	—	—	—	—	−86	−178	—	—	—
Mittel		Feld II bleibend	−3	−18	−39	−44	−39	−89	−177	—	−411	−768
1			−14	−20	−42	−16	+40	−58	−260	—	−584	−1178
2	26		−16	−26	−46	− 2	+40	−56	−266	—	−614	−1216
3	unten		—	—	—	—	—	−46	−276	—	—	—
Mittel			−15	−23	−44	− 9	+40	−53	−268	—	−599	−1197
Gesamtmittel			9	−21	−42	−27	1	−71	−222	—	−505	− 983

Die Dehnung ist ermittelt aus den Bewegungen der beiden Stabenden (Augen) gegen feste Punkte im Raum; die Beobachtungen begannen von der Nullast = 21,4 t ab.

Belastungs-reihe Nr.	Seite des Stabes	Dehnungen in $^1/_{100}$ cm bei den folgenden Belastungen in t									
		98,29	197,96	294,37	393,75	490,81	588,38	690,22	692,40	791,20	887,97
I. Gesamtdehnung unter der Belastung.											
1		8	17	25	35	45	57	69	71	82	95
2		8	17	25	36	46	58	69	—	83	97
3	A	8	17	25	35	47	58	—	—	83	98
4		—	—	—	—	—	58	—	—	—	—
Mittel		8,0	17,0	25,0	35,8	46,0	57,8	69,0	(71,0)	82,7	96,7
1		7	17	25	36	47	59	72	75	86	102
2		7	16	26	37	48	59	72	—	87	102
3	B	7	15	26	36	49	60	—	—	88	103
4		—	—	—	—	—	58	—	—	—	—
Mittel		7,0	16,0	25,7	36,3	48,0	59,0	72,0	75,0	87,0	102,3
Gesamtmittel		7,5	16,5	25,3	35,8	47,0	58,4	70,5	73,0	84,9	99,5
II. Bleibende Dehnung nach dem Entlasten auf 21,4 t.											
1		0	0	0	2	4	7	10	—	13	19
2		0	0	1	2	5	8	11	—	14	20
3	A	—	—	—	—	—	9	12	—	—	—
Mittel		0	0	0,5	2,0	4,5	8,0	11,0	—	13,5	19,5
1		0	0	2	5	8	11	16	—	20	26
2		0	1	4	6	9	13	17	—	20	27
3	B	—	—	—	—	—	13	17	—	—	—
Mittel		0	0,5	3,0	5,5	8,5	12,3	16,7	—	20,0	26,5
Gesamtmittel		0	0,25	1,8	3,8	6,5	10,15	13,9	—	16,8	23,0

Tabelle 33. Ergebnisse der Zugversuche mit den Materialproben zum Zugstabe 70.

Meßlänge = 200 mm.

Probe Nr.	Ent-nommen aus	Be-zeichnung der Proben	Abmessungen			Elasti-zitätszahl $\frac{1}{\alpha} = E$	Spannungen kg/qcm			Mittlere Entfernung der Bruchstelle v. d. nächsten Endmarke	Bruchdehnung bezogen auf die Länge			Querschnitts-verminderung
			Dicke mm	Breite mm	Querschnitt f qmm	kg/qcm	Propor-tionali-täts-grenze σ_P	Streck-grenze σ_S	Bruch-grenze σ_B	cm	$l=5,65\sqrt{f}$ %	$l=11,3\sqrt{f}$ %	$l=$ Gesamte Meßlänge %	%
12			15,3	30,6	468	2 015 000	1500	2800	3360	In der letzten Marke gerissen				(10)
13		88. 520. 15	15,0	30,7	461	2 065 000	1740	3020	3660	Außerhalb der Meßlänge gerissen				—
14			14,7	30,7	451	2 050 000	2220	2930	3700					—
15		5996. 88. 520. 15	14,9	32,1	478	2 060 000	1880	2920	4090	10	36,1	25,7	25,7	64
16	Steg-blech		14,9	30,5	454	2 020 000	1540	2860	3830	Außerhalb der Meßlänge gerissen				—
17		88 A 520. 15	15,2	29,9	454	2 020 000	1540	2580	3830	9	32,5	23,1	23,0	69
18			15,1	30,5	461	2 010 000	1950	2760	4070	Außerhalb der Meßlänge gerissen				—
19		5996. 88 A 520. 15	15,0	32,2	483	2 045 000	1860	2610	3980	9	33,7	24,0	23,7	65
Mittel		—	—	—	—	2 035 600	1780	2810	3820	—	[34,1]	[24,3]	[24,1]	[66]
20	Stoß-lasche	5996. 90. 300. 16	15,5	32,2	499	2 055 000	1600	2200	3580	7	41,0	30,8	30 5	70

Tabelle 34. Zeitlicher Verlauf der Brüche der einzelnen Stabteile.

Bruch Nr.	Belastung t	Bruch				Nr. der zugehörigen Lichtbilderfigur	
		Art		Lage		Bruchlage	Bruchaussehen
				im Steg	Höhe		
1	995,46	Saumwinkel gerissen		A	unten	69 a	71
2	1018,98	Derselbe Winkel gerissen		A	unten	69 b	—
3	1030,48	Saumwinkel gerissen		A	oben	69 b	—
4	1098,95	Heftniet des Saumwinkels abgeschoren		A	unten	69 a	—
5	1114,70	Beide Stegbleche gerissen		B	über die ganze Höhe	70	72
6	702,83	Saumwinkel gerissen		A	oben	69 a	—
7	709,29	Saumwinkel angebrochen		A	unten -	69 b	—
8	628,63	Beide Saumwinkel gerissen		B	oben und unten	70	—
9	610,01	2. Heftniet des Saumwinkels abgeschoren		A	unten	69 a	—
10	559,54	Desgl. 3. Niet		A	unten	69 a	—
11	sinkt ständig ab	Nach und nach scheren die letzten sechs Niete des Saumwinkels ab und die Stegbleche reißen, unten beginnend, durch		A	über die ganze Höhe	69 a	73

Druck der Spamerschen Buchdruckerei in Leipzig.

Eisen im Hochbau. Ein Taschenbuch mit Zeichnungen, Zusammenstellungen und Angaben über die Verwendung von Eisen im Hochbau. Herausgegeben vom Stahlwerksverband A.-G., Düsseldorf. Fünfte, völlig neubearbeitete und erweiterte Auflage. Mit zahlreichen Abbildungen und 7 Tafeln. Gebunden Preis M. 16.—

Taschenbuch für Bauingenieure. Unter Mitwirkung von hervorragenden Fachmännern herausgegeben von Dr.-Ing. E. h. Max Foerster, Geh. Hofrat, ord. Professor für Bauingenieurwesen an der Technischen Hochschule Dresden. Dritte, verbesserte und erweiterte Auflage. 2263 Seiten mit 3070 Textabbildungen.
In einen Leinenband gebunden Preis M. 64.—
in zwei Leinenbänden gebunden M. 70.—

Die Grundzüge des Eisenbetonbaues. Von Geh. Hofrat M. Foerster, ord. Professor an der Technischen Hochschule Dresden. Mit 164 Textabbildungen. Gebunden Preis M. 18.—

Repetitorium für den Hochbau. Von Dr.-Ing. E. h. Max Foerster, Geh. Hofrat, ord. Professor für Bauingenieurwissenschaften an der Technischen Hochschule Dresden.
1. Heft: **Graphostatik und Festigkeitslehre.** Für den Gebrauch an Technischen Hochschulen und in der Praxis. Mit 146 Textabbildungen.
Preis M. 7.60
2. Heft: **Abriß der Statik der Hochbaukonstruktionen.** Für den Gebrauch an Technischen Hochschulen und in der Praxis. Mit 157 Textabbildungen.
Preis M. 8.60
3. Heft: **Grundzüge des Eisenhochbaues.** Mit zahlreichen Textabbildungen.
Unter der Presse

Technische Mechanik. Ein Lehrbuch der Statik und Dynamik für Maschinen- und Bauingenieure. Von Ed. Autenrieth. Zweite Auflage. Neubearbeitet von Professor Dr.-Ing. Max Ensslin, Stuttgart. Mit 297 Textabbildungen. Zweiter, unveränderter Neudruck. Unter der Presse

Elastizität und Festigkeit. Die für die Technik wichtigsten Sätze und deren erfahrungsmäßige Grundlage. Von Dr.-Ing. C. Bach, württ. Staatsrat, Professor des Maschineningenieurwesens, Vorstand des Ingenieurlaboratoriums und der Materialprüfungsanstalt an der Technischen Hochschule Stuttgart. Achte, vermehrte Auflage. Unter Mitwirkung von Professor R. Baumann, Stellvertreter des Vorstandes der Materialprüfungsanstalt an der Technischen Hochschule Stuttgart. Mit in den Text gedruckten Abbildungen und Tafeln. Unter der Presse

Festigkeitseigenschaften und Gefügebilder der Konstruktionsmaterialien. Von Dr.-Ing. C. Bach und R. Baumann. Zweite Auflage. Mit etwa 700 Textabbildungen. Unter der Presse

Hierzu Teuerungszuschläge